毕业五年，拼什么成为5%的人

沐丞◎著

天津出版传媒集团
天津人民出版社

图书在版编目（CIP）数据

毕业五年，拼什么成为5%的人 / 沐丞著. -- 天津 : 天津人民出版社，2018.8

ISBN 978-7-201-13712-4

Ⅰ. ①毕… Ⅱ. ①沐… Ⅲ. ①成功心理－通俗读物 Ⅳ. ① B848.4-49

中国版本图书馆CIP数据核字（2018）第126062号

毕业五年，拼什么成为5%的人

BIYE WU NIAN, PIN SHENME CHENGWEI 5% DE REN

沐 丞 著

出　　版　天津人民出版社
出 版 人　黄　沛
地　　址　天津市和平区西康路35号康岳大厦
邮政编码　300051
邮购电话　（022）23332469
网　　址　http://www.tjrmcbs.com
电子邮箱　tjrmcbs@126.com

责任编辑　王昊静
策划编辑　村　上　夏菁霞
装帧设计　刘红刚

印　　刷　大厂回族自治县彩虹印刷有限公司
经　　销　新华书店
开　　本　880×1230毫米　1/32
印　　张　7
字　　数　150千字
版次印次　2018年8月第1版　2018年8月第1次印刷
定　　价　38.00元

你和老同学的差距是怎样产生的

有这样一个有意思的现象：刚上大学的时候，同班同学来自五湖四海，大家相聚一堂，共度大学时光，学习着相同的知识，接受着相同的考核；大学毕业时，除了少数同学继续求学深造，大部分人走入了社会，刚开始工作的时候，彼此的工资差别不过几百、几千块钱，可是当五年、十年后，彼此之间已是云泥之别。

虽然我们不能忽视城市、行业、企业、岗位的不同带来的影响，不过也有不少同班同学参加校园招聘，被相同的企业录用，甚至从事完全相同的岗位，也就是说，他们走上社会的起点几乎完全一致。然而几年后，有的人开始拿高薪，走上管理岗位，或是成为行业精英、业务骨干，而有的人却表现平平，一直做着基层工作。

这些人经历了相同的高考选拔，接受了相同的高等教育，毕业后又从事相近的工作，可是为什么在短短几年之后竟然产生了如此大的差距？

除了曾经在大学里的那一点儿专业课成绩的高低、毕业时在工作选择上的不同，以及后来遇到的种种机遇和挑战，还有什么拉开了彼此的差距？

对于这个问题，我自己也进行了深入的思考，觉得至少有六个方面的原因，分别是时间管理、自律习惯、技能发展、职业规划、个人影响力和人际关系。正是大家在这些方面投入的比重不同导致后来差距逐渐增大。

本书将从这几个方面详细说明人与人的差距是如何产生的。不论你是刚参加工作、对职场还懵懵懂懂的毕业生，还是已经工作几年、仍然提升缓慢的职场新人，抑或是已经工作多年、遭遇了职场天花板的职场老人，相信本书都能帮助你找到方向，抵达人生新高点。

目录
CONTENTS

第一章

第二章

自律习惯：管好你自己

第三章

技能管理：技多不压身

第四章

决定跳槽：人往高处走

第五章

影响力：发出你的声音

第六章

人际关系：没有人是孤岛

第一章

时间规划：24 小时里见高低

时间是一种最公平的资源，上帝给每人每天都是24小时，每小时都是60分钟。但是不懂得规划的人，在不知不觉中就落后了。

你在利用时间碎片，还是把时间变成了碎片

利用碎片化时间工作和将工作时间碎片化其实是两种截然不同的工作态度，前者是充分地利用可能会被浪费的小块时间来处理工作，后者则是将本来整块的工作时间人为地割裂成多个小块时间，穿插处理不同的事情。

举一个简单的例子。如果你在等电梯的时候用手机回复了一封工作上的邮件，那么就可以理解为利用了碎片化时间工作。有的邮件需要回复的内容可能很简单，用手机打几个字就可以，这种工作完全可以利用碎片化的时间来完成，没有必要一定要到自己的电脑前去回复。

相反，如果你本来计划下午用三个小时整理一份报告，但是在这个过程中你一会儿看看朋友圈，一会儿用微信聊聊天，工作时间

总是被很零碎的私人事情打断，这就是将工作时间碎片化。或者是写一会儿报告又去回复邮件，再写一会儿又去打个电话、跟人讨论一个问题。这样看似一直在工作，但这也是一种将工作时间碎片化的行为，也会导致工作效率不高。

不难看出，利用碎片化时间工作使自己看上去很忙是一种高效率人士的工作行为，他们对于哪些工作可以利用碎片化时间处理有着很清晰的判断，这些人的能力通常都不会差。而将工作时间碎片化后使自己看上去很忙则是一种低效率人士的工作行为，他们工作的时候不聚焦，容易被外界干扰，所以这种忙是瞎忙。

我们再来看看两个程序员的例子。他们俩坐在离我很近的位置上，所以我对他们的工作态度和作息时间比较了解。我们公司的App（应用程序）有安卓和iOS（苹果移动设备操作系统）两个版本，分别由这两个程序员负责。因为App的功能是一样的，只是平台不一样，所以可以认为两个程序员的工作内容、开发难度是大致相同的，但是他们的效率却截然不同。

我们是弹性工作时间，每天保证至少8个小时的工作时间即可，早来就可以早走，晚来就得晚走。程序员A每天早上8点半之前一定会坐班车到达公司，上午是他集中精力编代码的时间，这期间除了工作就只有上厕所和喝水。为了减少被打扰，他不会开邮件系统的提醒，内部的IM（即时通讯）也会关闭，手机调成静音，更不会挂着QQ（腾讯即时通讯）或是聊微信刷朋友圈。甚至有时候为了安静，他还会特意找一个没有人的小会议室工作。上午的时间他不跟别人讨论问题，不跟别人开会，就算测试、设计中发现bug（程序错误），他也不会中断手头的工作去处理。

中午吃完饭，他只做短暂的休息，看看手机上有没有什么重要的来电或是信息，然后就打开折叠床午睡。午休结束后，他才会把邮件系统和内部的IM打开，因为刚睡醒时适合处理一些简单的邮件和留言。下午的时间他主要用来修改bug，也会参加相关的会议或是和别人讨论问题。一到下班时间他就会关了电脑赶班车，几乎没有加过班。

程序员B则不同，他经常早上10点半才到公司，看看前一天的邮件，或是跟人讨论一下问题就到午饭时间了，整个上午都没怎么写代码。午休时间他不午睡，不是在玩手机就是在看网页。下午也是昏昏欲睡的样子，不管谁找他都不会拒绝，不论是当面还是在IM上，没写几行代码就又去看看邮件或是玩玩手机。

由于来得晚，白天没有什么工作输出，所以晚上必须加班，按照他的话说就是晚上人少，可以集中精力编代码，于是他总是加班到很晚。因为晚上回去得晚，早上又起不来，导致第二天到公司又比较晚，如此往复。

这两个程序员的技术能力我个人感觉差别不大，但正是对工作时间的把握不同导致工作效率有很大的差异。A能充分利用整块时间，尽可能地避免工作时间被碎片化，并结合大脑的兴奋度来处理不同类型的工作，因此有着更高的工作效率。B则完全相反，整块的时间都被碎片化了，又不注意劳逸结合，每天搞得自己很忙的样子，但其实工作量跟A差不多。

程序员A是避免工作时间被碎片化的例子，程序员B则是把工作时间碎片化的例子，但是都还不是利用碎片化时间工作。利用碎片化时间工作有着更高的要求，常见于一些高端人士。

那么，哪些时间可以算作碎片化时间呢？等车、坐车、开车、行走、排队、候机、坐飞机、上厕所、睡觉前、运动中、酒店住宿等占用的时间都可以看作是碎片化时间。这些时间有个共同的特点，那就是你通常不在办公桌前，时间长度上可能有长有短，人所处的状态也可能不同。

不同的碎片化时间能处理的工作内容也不一样。在等车、排队的时候你一般只能使用手机，比如查看邮件，用移动办公App审批电子流程，在工作会话组里发消息讨论问题，设置工作日程等；在坐车、候机、坐飞机时一般时间段较长，可以用笔记本电脑做一些复杂的工作，比如写计划书，做方案PPT（演示文稿），写出差汇报、工作总结等；如果是处于行走、运动中，这个时候可以用蓝牙耳机打电话、听汇报等。

安妮·海瑟薇在电影《实习生》中饰演的女创业者就是一个利用碎片化时间工作的典范。例如，在司机开车送她上下班的时候，她会一边用车上的视讯电话跟人讨论工作上的事情，一边用一个手机回复工作邮件，另一个手机又接听其他电话。

不过，很多利用碎片化工作的人难免给人留下工作狂的印象，仿佛空闲时间都被工作塞满了。所以要注意，利用碎片化时间工作并不是为了时时刻刻工作，而是将省下的整块时间给到生活，从而更好地平衡工作和生活的关系。

这里还要提一下“番茄工作法”，这个方法主要讲的是集中精力工作25分钟就休息5分钟。这并不能单纯地认为是将工作时间碎片化，而是一种劳逸结合的工作方法，只是这个方法将25分钟看成一个整块的工作时间，不能再碎片化。而且连续的多个25分钟都要尽可能处理同一个项目的事情，而不是一个25分钟处理事情A，下一个25分钟又处理事情B。所以本质上还是一种避免将整块时间碎片化的工作思路，因为手机上的各种推送、提醒实在太容易让人失去专注。

如果你是一个有拖延症，不论做什么事总是隔一会儿就要看看手机的人，那么可以先尝试较短时间内集中精力，比如半个小时，然后再尝试一个稍长的时间段避免被打扰和碎片化，并且在这个更长的时间段里处理同一个事务。利用碎片化时间处理合适的工作有助于提高工作效率，但是目的仍然是平衡工作和生活的关系，而不是把自己搞得特别忙。

你是在利用碎片化时间工作，还是将工作时间碎片化，通过上面的解释，应该清楚了吧？

不是时间不够用，是你不会用时间

曾经在一个音频节目中听到一个名为“过度协作”的概念。在一个团队中，有很多工作属于合作范畴，那就少不了协作，那什么是过度协作呢？过度协作就是指大量的会议、邮件，尤其是没有必要召开的会议，看似是在紧密合作，实际上却大大减少了真正输出工作的时间，导致整体效率低下。

这让我想起在上一家公司工作时的情形，大家每天早上到达公司后的第一件事就是戴上耳机，开始各种各样的会议。我们有两个显示器，一个显示器上显示着远程会议的共享桌面，另一个显示器上还在回复着邮件或者内部IM的群组消息。每一封邮件都要抄送一群人，很多相同的人在不同的消息群组中，各种“协作请求”此起彼伏。但是一天下来好像又没完成什么实质性的工作，该写的报告没写，该画的图没画，于是又只能加班处理，因为只有在加班的时候大家才会消停一些。

那个时候我们听到最多的一个词是“推动”，仿佛每个人的工作都是要花费大量的力气去推动别人才能完成。我一度以为大公司就是这样，现在才明白这就是一种过度协作。而公司当时几乎每年都要调整一次组织结构，其实是知道组织效率低，所以把期望寄托于变更组织架构来提升协作效率，但是收效甚微。

我个人比较反感开会，特别是人数多、时间长的会议，有的人即使在参会也不可能长时间地聚精会神，要么被动地熬时间，要么玩手机。有的人甚至把开会当成一个不用工作的放松时刻，特别是一些会议目的不明确的务虚类的会议，大量的时间都被浪费了。

我组织会议都会先问自己几个问题，比如是不是可以30分钟结束？如果30分钟能结束，是否可以缩短到20分钟甚至更短？这么短的会议是不是可以换成更为简单的形式？是不是要每个人都抽时间来参加？会议的相关人员一定需要10个人吗？是否可以只要其中5个人来参加？是不是一定要有全员参加的例会？可不可以取消例会？

事实上，我自己总是会被要求参加各种会议，我认为大多数的会议都是在浪费我的时间，所以我自己就尽量减少组织会议。我相信一个高效的组织肯定是一个会议少的组织，团队协作的方式有很多，频繁的集体开会肯定不是一个好的解决方案。

相信大家深有感触，遇到一个爱开会的领导是很痛苦的，他会以为这是一种有效交流、高效协作的形式，却没有意识到所带来的时间和金钱成本。比如我们经常会开所谓的管理层会议，十几个总监和副总监一起，一开就是一下午，金钱成本估计就要好几万，但是能否产生对应的价值，真的很难说。

过度协作的一个严重后果就是每个人的工作时间都被碎片化了，在办公室里要获得一个整块的时间做安静又深入的思考非常难，每个人都会被各种协作打断。做一个方案、写一篇文章、编一段代码是要一气呵成的，如果总是被打断，每次都要从被打断处重新整理思路，会非常耗费时间。

有一次在设计新办公室的装修方案时，有人提出要搞全开放式的空间，而且工位不固定，可以根据协作需要任意组合，以此激发灵感，促进团队交流。我在内心是非常反感的，因为那就意味着完全没有了真正属于自己的时间和空间，要不停地跟别人交流协作，这样如何能提升效率？

所以，为什么很多人经常加班，搞得自己很忙的样子，但是又没有什么突出的绩效？如果不是因为本身能力差、效率低，那么他很有可能处于一个过度协作的组织中。

我们该如何避免过度协作呢？

首先是要减少会议时间，增加实际输出、独立思考的时间。可有可无的会议尽量不参加，多个议题的会议只参加跟自己议题相关的会议，当会议进入低效率、僵持阶段时果断退出，尝试做那个把大家拉回正轨的人。如果是自己组织的会议就要尽可能少地召集人，尽可能早地结束会议，如果有可能，在会议之前就达成共识。少开几个会没什么大不了，保证自己参加真正重要的会议即可。

其次是抓核心的人，做核心的事。跟两个人就可以交代清楚的事情就没有必要牵扯第三个人，否则沟通成本会大大增加。邮件、消息只发给直接相关的人，避免抄送给相关度不高的人，否则会增加很多沟通解释。

最后，有条件的公司可以尝试远程办公、移动办公，尽量减少簇拥在协作者周围。为什么很多人期望远程办公？为什么感觉自己在家工作反而效率更高？一个很重要的原因就是避免了过度协作。

很多时候，当出现工作效率低的情况，我们会本能地去找自己的原因：是不是时间管理有问题？是不是熟练度不够？是不是杂事太多？现在我们也要把过度协作这个因素考虑进来，因为很有可能你觉得那些重要无比的会议正是引发集体低效率的根源。

如果确认自己并没有处于过度协作的环境中，平时的工作量也一般，但是仍然要经常加班，而且工作输出没有得到很好的绩效，那么就要从自己身上找原因了。

所有的工作任务可以分为重要且紧急、重要不紧急、紧急不重要和不重要不紧急四种，我们在任何时候都应该优先处理重要且紧急的工作任务。但是，重要且紧急的工作可能比较麻烦，短时间内完成不了，重要不紧急的事情和紧急不重要的事情也不能不做，这个时候应该如何做好平衡呢？

一天中，大脑的反应速度和清醒程度是很不相同的，兴奋点出现的时间也因人而异。要想提升自己的工作效率，就应该尝试找到自己大脑的兴奋点。比如有的设计师喜欢早上做设计，而有的人则喜欢在夜深人静的时候做设计，这并没有谁对谁错，因为每个人的高效时间段不同。

抛开个体差异，我们可以找出一些适合大多数人的时间利用法。根据时间段把一天分为早上时间、下午时间和晚上时间，根据时间长短可以分为整块时间和碎片化时间，根据人所处的状态可以分为静止时间和动态时间，根据环境嘈杂程度可以分为安静时间和嘈杂时间。在这些不同类型的时间里，大脑的处理速度各不相同，需要安排不同类型的工作。

俗话说“一日之计在于晨”，上午刚开始工作的时间通常比较清醒，可以较快地进入工作状态。这个时候适合“吃青蛙”，也就是处理比较复杂且重要的工作。有不少公司采取弹性工作制，所以有的人习惯早上很晚才到公司，没工作一会儿就已经到午饭时间了，这样早上相对清醒的时间段就被浪费了。

这里有个提升效率的小窍门，就是尽量早到公司。这样做有个好处就是，这个时候其他同事还没有来，公司比较安静，可以在较少打扰的状态下开展工作。当其他同事渐渐来到了公司，环境也会变得嘈杂起来，这个时候或多或少会受到打扰。不要小瞧这一点时间，前面说过，25分钟就是一个番茄时间，集中精力是可以处理很多事情的。

中午建议午休一下，正所谓“中午不睡，下午崩溃”。但是如果休息的时间过长，也会导致头脑不够清醒，一般以30分钟至45分钟为宜。由于早上已经集中大量精力“吃青蛙”，下午可以尽量安排一些需要协作交流的工作，如讨论问题、拜访客户、开电话会议等。

如果上午的工作没有做完，并且需要在当天交付，那么下午也可以在自己大脑相对清醒的时段继续上午的工作，尽量做到日清日结。

有的人喜欢晚上加班处理重要的工作，也是因为晚上周边的同事少，环境更为安静，自己可以更专心。但是这样容易造成每天工作时间过长，而且晚上过于兴奋，容易失眠。如果加班的话，建议处理那些重要不紧急的事情，比如参加线上的培训课程、研究竞品、阅读提升、写一天的工作总结等。

找到自己大脑的兴奋点，并结合不同的时间段有针对性地处理不同的工作，就会达到事半功倍的效果。如果你在早晨头脑最为清醒的时候优先去处理琐碎、简单的事情，到下午头脑混沌的时候去做复杂的任务，晚上还接着处理当天未完成的工作的话，久而久之就会形成一种恶性循环。

那些看起来每天都很忙，工作却总是做不完而心生抱怨的人，其实调整一下自己的工作习惯，就能在很大程度上改变现状，使每天的工作更加高效有序。

在哪里付出，就在哪里得到

2017年由孙俪主演的年代剧《那年花开月正圆》热播，我也是这部剧的忠实观众，还写了几篇文章。有读者问我：为什么工作这么忙还有时间刷电视剧？这是个好问题。我平时上班的确比较忙，有时候甚至会错过午饭和晚饭，因为那个时候还在开会。晚上和周末加班也是家常便饭，因为公司领导习惯把会议留到周六开，即便没有什么重要的事，也会找个事来讨论，不然就是挨个做汇报，或者组织学习。

但是不管再忙，我也不至于完全没有休息娱乐以及发展兴趣爱好的时间。写作本身需要大量输入才能输出，对于我来说，看电视、看电影就是一种输入。熟悉我的读者都知道，我平时写理财、职场方面的文章比较多，所以对于相关的影视剧也比较关注，这样一来，我在休闲的同时还可以积累写作素材。

比如在电视剧《那年花开月正圆》中，你们看到的是男女主角的恩怨纠葛、剧情的跌宕起伏，但是我在看这些的同时还会收集里面蕴含的职场道理，分析其中的生意经，最后再总结写成文章。如此一来，你们看完就看完了，只是单纯的输入，而我还有很多输出，一部电视剧看下来，我能写七八篇相关文章。

可能会有人跳出来说：这样累不累啊？看个电视剧还想这想那，带着这么强的目的性，单纯享受情节不好吗？其实当你养成了习惯，明确这样做能给自己带来持续的收益，就根本不会感到累，反而会很兴奋。就像很多影评人一样，把看电影当成兴趣爱好、休闲娱乐的同时还能写出一篇篇影评，拿到稿费，何乐而不为呢？

其实别人就是因为比你想得多了一点儿，做得多了一点儿，投入的时间多了一点儿，就逐渐拉开了差距。在时间的作用下，这种差距会产生复利作用，差距就会进一步增大，终有一天，等你醒悟时，已经被别人远远甩在了身后，这和学生时代的学习是同一个道理。所以，每个人都要问问自己工作之外的时间都花在了哪里？是投资自己、精进技能、增进健康的爱好，还是浪费在了毫无意义的游戏娱乐之中？

我几乎每天早上都会听“得到”，听音频不影响自己起床后干别的事情。我就特别佩服罗振宇把自己读书的兴趣爱好变成了创业项目并且经营得有声有色。我也认识几个知识服务者，他们同样非常喜欢读书，每天早起读书，一年要读几百本书，然后像罗振宇一样把读书心得分享出来。你如果想听他们的读书心得，那么请交钱入群。

当然，我并不是说每个人读书都要带有这种营销的目的，我想说的是，有的人可以在自己感兴趣的领域里持续输入，然后不断输出，同时又能得到经济上的回报以及精神上的成就感，从而形成一种良性循环，自然越做越好。

又比如，同样是打游戏，很多游戏主播、UP主（指在视频网站、论坛等上传视频音频文件的人）就跟普通的游戏玩家不同。大部分人把打游戏作为日常休闲，即便是沉迷上瘾整天玩，那也只能算是自娱自乐，但是游戏主播和UP主不同，他们会加入分享环节，不论是直播自己打游戏的过程，还是录制视频解说，都是一种输出。实际上，并不是所有的游戏主播和UP主都是游戏高手，他们也并不都是在炫技或是竞争，而是有特色的输出，或者带你了解最新款的游戏，或者以自己独特的方式进行有趣的解说。总之，他们可以做到自己玩游戏得到快乐，顺便建立自己的影响力，同时还能通过各种方式获得收入。

很多人都想着把自己的兴趣爱好当成工作，其实这不是重点，关键要看自己有没有输出的能力，或者说有没有持续输出、特色输出的能力。这里就涉及时间的投入，尤其是工作之余的时间投入。有的人只停留在空想的层面，很少付诸实践，这样一来，不同的人做相同的事，差距就会渐渐拉开。

一个热爱旅行的人，持续把旅行中的风土人情记录下来，总结各类旅游攻略，然后分享给他人，跟你在假期里随便出去玩玩、拍几张照片发朋友圈，最终形成的结果会很不一样：你只是个人游玩经历，别人却把自己的旅行变成一种事业，持续经营并影响他人。

一个热爱健身的人，不断把自己的健身过程记录下来，总结各种运动技巧、饮食经验，然后分享给他人，跟你绕着公园跑几圈，然后在朋友圈里发一张今天跑了几公里的截图不同。最终，你只是个人平时运动，别人不仅收获了好的身材，还能够得到更多的成就感，甚至可以经营网店。

一个热爱美食的人，持续把自己的烹饪过程记录下来，总结各种精美的食谱和心得，然后分享给他人，跟你心血来潮做一次家常便饭，然后在朋友圈里发几张图片不同。最终，你只是做个人日常家务，别人在制作美食的同时还会有经验的沉淀，可以做节目、出书。

由此可以得出结论：人和人的差距在一开始并不明显，但是当别人有了目标，带着明确的目的，舍得花时间持续输入并输出，差距就渐渐拉开了。

2017年国庆假期和中秋假期连在一起长达8天，有的人在国庆前后再请上几天假，把周末加起来，这次休假可以长达15～16天，这么长时间不用工作，的确是很舒坦。我自己在这段时间的文章更新频率就降低了很多，有的读者问我是不是出了什么事，是不是出去游玩了。其实都没有，首先，节前我在工作上有不少事情要处理，加班比较多，晚上的确没有更多精力写作。其次是国庆期间我搬家了，琐碎的事情特别多：新旧两个房子都需要收拾，零零散散的小家具都需要组装，旧房子还要安排出租。

当假期只剩两天时，我才意识到自己准备在国庆期间完成的几篇文章、一个剧本、几本新书的目录大纲都还没有完成，突然压力倍增。我想一定有很多人跟我一样，在放假前做了不少计划，然而，计划赶不上变化，跟在每年一月一日定的一年大计一样，这些计划多半是想利用工作之余的时间去完成，但是最终往往会因为种种原因没能完成。

其实归根到底，就是缺乏执行力。执行力表现在计划性和立即行动两个方面。计划性是指做事有条理，对各种事项预先进行合理安排，并考虑突发情况；立即行动则是拒绝拖延，对需要在规定时间完成的事项尽量提早完成，而不是拖到最后一刻。

没有计划性意味着没有很好地分解工作，尤其是多环节、较复杂的工作，不做好分解会本能地觉得特别难完成，直接影响到立即行动，毕竟逃避和自我安慰（下班了、放假了就应该好好休息）是更加容易的事情。

大多数成功者都有很强的执行力，而且有极强的自律精神，至少我没有见过什么人懒懒散散、拖拖拉拉就成功的案例。

在国庆前，我们公司组织了一次Beerbust（啤酒盛宴）分享会，我们部门有一个女孩子分享了她长跑的经历。她口中的长跑可不是平日里出于减肥的目的绕着公园跑个10千米，而是那种真正的越野长跑，比马拉松还要长，有的甚至超过100千米，而且选的是那种崎岖、泥泞的道路。她向我们介绍了跑完全程的秘诀，包括如何锻炼精神意志，如何补充体力，以及如何在困难地形上做出相应动作等。

100千米的长跑虽然只要花费不到一天的时间，但对于真正去跑的人来说是一个漫长的过程，尤其是到最后的阶段。想要顺利跑完全程，肯定不能盲目地跟着大部队一起瞎跑，要合理分配自己的体力，并且针对每个阶段树立目标，做好计划，甚至要精确到自己所带饮料和食物的消耗。一旦有环节偷懒松懈，打乱了计划，就会前功尽弃。

这名女孩子平时工作也非常自律，每天8点左右到岗，是部门里最早的一个，晚上也几乎都是最晚走的。我们是弹性工作制，有不少人9点半甚至将近10点才到岗，悠闲地吃个早饭，没多久就又到了午饭时间，而这名女孩子早就已经进入了工作状态。长跑和工作看似没有什么必然联系，但是这种自律是相通的。她把工作之余的时间都投入到锻炼和长跑中，训练了自己的意志，强健了体魄，让自己在工作时又更加自律。一旦具备了这种强大的自律精神，不管做什么事都能够水到渠成。

我有一个创业的朋友，对他来说已经没有什么所谓的国庆长假，法定节假日、周末和工作日没有什么区别。他的创业项目跟日本客户有联系，所以当不少人选择国庆长假去日本旅游时，他却在日本的办公室里忙碌，或者跟日本人谈项目。

这让我想起了《欢乐颂》里的曲筱绡，她是一个典型的富二代，衣食无忧，但是她自己创业，在春节、五一假期仍然出差海外，跟外国人谈生意。有一个情节我记忆犹新，曲筱绡的外国客户下了订单，她就找国内的合作伙伴王柏川去联系业务，但是王柏川在休假，还以各种理由推脱。最终曲筱绡把生意做大，王柏川却破产了，与此不无关系。

创业是很艰难的事情，失败是大概率事件，为数不多的成功案例除了机遇以外，跟创业者的自律和拼搏密不可分。所以，当别人创业成功，我们不要首先就想到别人是拼爹、运气好，其实别人在你看不见的地方付出了很多的时间和精力。当你在国庆长假秀各种景区照片时，别人已经完成了一个个订单，谈妥了一个个项目。

在哪里付出，就在哪里得到。有的人通过努力一步步接近自己的梦想，而有的人却一边叫嚣着梦想被高房价扼杀，一边懒散地应付着工作。这是一个“多数人想要而少数人敢要”的时代，如果不懂得延迟享受，你只能跟节日里还在奋斗的人渐行渐远，也只能跟自己的梦想说再见，继续过着平凡的小日子。

你现在的生活，就是你一直以来的选择，不是吗？

花时间省钱不如花钱省时间

我刚参加工作的时候，给还在老家的父母买过一台全自动的滚筒洗衣机。有一年过年我回老家，发现母亲大冬天还在手洗衣服。我问她为什么不用洗衣机，母亲说洗衣机洗小件的衣服浪费水，她平时只用洗衣机来洗被罩、床单这种大件的衣物。在母亲看来，她节省了几升水，但是我却心疼她的手，还有那些本来可以轻松看看电视、喝喝茶的时间。

母亲对我花钱找钟点工到家里打扫卫生的事也颇有微词，不明白明明可以自己动手做的事情，为什么要经常花钱雇人来做。母亲是个非常勤快的家庭妇女，她小时候过惯了苦日子，要想把花钱买时间、把同等的时间用于更高价值的事情这一套理论向母亲那一辈人解释清楚是很难行得通的。

比如每次父母来我所在的城市，我想给他们买飞机票，但是他们觉得坐火车更划算，反正自己有的是时间，没有必要赶这十几个小时。或许对于他们来说，帮子女节省钱是最重要的，即便要坐很久的火车也无所谓。可是对于时间就是金钱的职场人来说，你是会选择用时间换金钱，还是用金钱换时间？

我曾经在一个二手网站上卖过一个物品，当时有个本地人拍了下来，他为了省邮费选择上门取货。物品本身值不了多少钱，而本地快递只要8元钱，我也承诺有问题可以随时到付退货给我，可他还是在下班后转了两趟车，花了一个多小时来我家取走了物品，然后又再次坐公交车回到自己的住处。这一来一回就花去了接近3个小时，而且除去公交车的钱也就省下了2元钱。

我那个创业的朋友跟我说得最多的一句话就是“一定要花钱买时间”，能买的就不要自己做，能外包给别人的就不要自己花时间，能招聘到资深人士的就不要自己慢慢培养。虽然从短期来看有点儿“烧钱”，但是市场瞬息万变，一旦落后于他人就会失去机会，导致失败，造成的损失会更多。

有的公司雇用高管不仅会给予很高的薪酬，还会给他配车配司机，原因就是公司聘请这个人才实质上就是买了他的时间，既然买了他的时间，自然需要他把时间用在产生高价值的工作上。他多工作一小时产生的价值会比公司专车司机一小时的工资高出很多倍，换言之，他自己开车一小时其实相当于公司损失了大量的价值。

说了这些例子，无非是想表达一个观点，那就是很多人对时间的认识很不一样，有的人闲暇时间多，情愿花时间省下钱，而有的人则舍得花很多的钱来省下时间，然后把时间花费到有更高价值的事情中去。

时间是一种不可再生的资源，这个不用多说，你选择打扫卫生就不能享受阅读休闲的时光，你选择开车就不能移动办公。这个时候如何选择就要看你的单位时间价值了，如果你是一名职场女性，有着不错的月收入，但是平时工作比较繁忙，好不容易周末有休息娱乐或是学习充电的时间，你是愿意把时间花在休息或学习上还是打扫卫生上？我想不同的人会有不同的选择，这也折射出你对花钱买时间一事的看法。

对时间的有效管理可以增加时间的“密度”，产生更高的单位价值。这里说的单位价值并不一定指产生了多少经济价值，你的身心得到放松、心情变得愉快、知识得到增长也是有意义的。如果你觉得打扫卫生可以让自己心情愉快，比休息更有意义，那么自然不必雇钟点工；如果你自己根本不想大扫除，自己一小时的收入远超过钟点工一小时的费用，那么为什么不花钱买时间呢？

花钱买时间的思想一开始可能不容易被接受，但是随着你的收入增长和认知升级，慢慢清楚了哪些事情对你来说更有意义，你就会果断地花钱雇别人为自己做低价值的事情，而自己去做高价值的事情了。

每个人的生活状态、薪酬水平、思想观念都不一样，同一件事对A来说是一件低价值的事情，对B来说却不一定。比如打扫卫生这件事，对于以此为生的钟点工阿姨来说，这就是高价值的事情，但是对于一个公司老板来说，显然就是一件低价值的事情。这里想说的是，每个人的时间价值都不一样，公司老板这个角色的价值体现可能不是在打扫卫生上，他的时间如果投入到见客户、制定公司发展规划、跟团队讨论产品、与下属进行绩效沟通等事项上，创造的价值会更多。

类似的还有自己开车还是打车的例子。自己开车看似方便，但是占用时间，而且实际产生的费用也不见得比打车便宜。对于很多高收入人群来说，开车是一个低价值的事情，为什么不花钱把这件事情交给司机去做，然后用开车的时间来移动办公呢？

曾经流行过一个段子，大意是比尔·盖茨告诫微软的高管，如果在路边发现一美元，不要弯腰去捡起来，因为微软的高管工资很高，弯腰花费的时间已经挣了不止一美元。虽然可能并不是真有其事，但是的确说明了一个道理，那就是我们要把时间花费在占用时间少、产生收益高的事情上。

在职场中，每个人的岗位不同，一件事是不是低价值可能会有不同，但是工作中低价值的事情一定是对组织绩效贡献少、对自己提升没有帮助的事情。我在上一家公司工作的时候就遇到过被低价值事情缠绕的窘境。

我刚入职时因为部门内人才济济，不仅有很多有经验的老员工，还有很多名校硕士生、海归，我的资历尚浅，加上各方面条件也一般，所以并没有得到领导的重视。上司最开始仅安排我做组织会议、写会议纪要、接待合作方这样的事情。这些事情既简单又没有创造性，跟设计师岗位的要求相比，属于不会产生任何绩效的低价值事情。

我平时组织最多的就是周例会，各个地域的产品设计师会在周五把每个项目的进展汇总给我，到下周一早上，我再召集大家开会。我们是四个不同城市的团队开电话会议，所以我每周要预定会议室、统计参会人员、发送会议通知等等。在正式开会前我除了要把总部的电脑、投影仪、会议终端、桌面共享接好外，还要一个个催促各个地域的接口人接入会议。开会的过程中，由各个产品设计师向部门领导汇报进展，领导点评，我做纪要。

这个事情如果仅仅是从做得好不好出发，也就是保障会议的正常开展，根本没什么技术含量，也很难体现自己的能力，在领导看来不过是一些例行的工作而已。我渐渐意识到自己的处境问题，如果一直做这些低价值的例行工作，没有人会发现我的能力，领导也不会重视我。组织了几次之后，我开始思考如何把低价值的事情转变为高价值的事情。

首先，我理清楚了各个地域的每个项目情况，然后仔细梳理每个项目、各个领域的负责人，如规划、研发、测试等，每到周五我都会主动咨询一些重要项目的负责人，看有没有什么风险或是变动，并不局限于设计的范畴。

后来再开会的时候，只要有产品设计师不清楚的地方我就会立刻提醒，有的人请假我就直接代替他们汇报，仿佛是自己的项目一样，甚至对于一些设计师不知道的项目问题、其他部门可能给我们带来的风险，我都了如指掌。最后我变成了部门唯一一个对几个地域所有项目都非常了解的人，甚至在有的设计师反馈进展时，我会指出他们的问题，会上他们没有说到的地方我都主动补充。同时，我还根据会议纪要跟踪每个人的工作进展，督促各个项目有条不紊地向前推进，而在这之前大家都是相互推诿，一片混乱。

几次会议之后，领导对我刮目相看，随后不久，便安排我参加一票难求的业界交流会。我就是这样成功地将组织会议、写会议纪要这类“低价值”的工作转变成了项目风险管理、任务跟踪这种高价值的工作。

职场中不知不觉做了低价值事情的情况还有很多，比如好心帮同事去做本该他做的事情，顺手帮其他部门的人跑腿，处理一些跟自己职级不相称的初级事务。作为部门主管，明明可以安排部门里的实习生做的简单事情也要自己亲力亲为，这不是平易近人的表现，是不看重自己时间价值的做法。

一个人如果要想在职场中提升，一定要尽量避免做低价值的事情，至少不能长期处于做低价值事情的状态，一定要设法把自己的时间用在高价值的事情上。只有高价值的事情越做越多，越做越好，才能为组织创造更多的绩效，这样对团队、对自己才是最有利的。

当然，职场中也难免有一些不由得自己决定的工作分配，就像当初的我一样，在这种情况下，就要思考这些低价值的事情是不是有可能转变成高价值的事情。把低价值的事情巧妙地转化成高价值事情，就相当于额外创造了价值，对自己的提升会有很大帮助。

被用于处理高价值事情的时间就是有价值的时间，你拥有这样的时间越多，你在相同时间里的绩效自然更高，慢慢超过其他人，也是顺理成章的事。

逃出时间黑洞，别让手机吃了你

身边不少人都在玩手游《王者荣耀》，并且争分夺秒，沉迷其中。关键是玩这个游戏的人年纪已经不小了，都是三十岁左右的职场人，这让我感到有些意外。

有时候听着他们在群里讨论我不懂的术语，在一起比拼各自的等级，我突然觉得自己有点儿落伍，这么流行的游戏我居然都没有玩过。于是，出于好奇，我前几天也下载了这个游戏，就想看看这款游戏的魅力在哪里，为什么这么多人痴迷它。

很快我就发现里面设置了很多让人上瘾的机制。首先，游戏容易上手，画面、动效精美，加上每一局的时间不是特别长，可以随时随地玩。其次，游戏有各种奖励机制，就算你一局都不玩，也有登录奖励、活动奖励、开宝箱等活动，哪怕输了也会有奖励，如果玩得好就会有更高级的奖励，各种奖励会让你产生幻觉，觉得自己在不断成长。再次，游戏有各种新奇的角色、皮肤、装备、任务等等，玩家一旦进入，总是会被这样或那样的板块吸引，流连忘返。最后就是社交性，你知道自己有哪些微信或是QQ好友在线，能看到彼此的等级，可以互送金币，增加亲密度，也可以结交陌生人成为师徒关系，甚至还可以加入一个战队获得归属感。

总之，你一旦进入了《王者荣耀》创建的世界，就会暂时忘记现实生活的琐事，在游戏中得到成就感。于是，一旦有了一点儿空闲时间，脑子中就仿佛有个小人在召唤："赶快来玩一盘。"就算没有时间，也要登录一下，进去转转，看看是不是有什么奖励可以领取。晚上下班回到家，洗个澡，舒舒服服地躺在沙发上，心想反正闲着也是闲着，不如玩几把。电视开着的时候，如果节目节奏慢，也会打开手机同时玩几把。不知不觉你就把自己置于一个时间黑洞。

在玩游戏的那几天里，我的确也被引诱了，一有空就想着打两盘升个级，反正也耽误不了多少时间，大不了晚一点儿再写文章，结果耽误了很多时间，离开游戏后回到现实世界，反而感觉很空虚。在搞清楚这个游戏的逻辑后，我果断地删掉了，决心不再为此浪费时间。

删除《王者荣耀》后，我又审视了一下手机中可能大量占用我时间的App，发现主要有两个，一个是微信，一个是今日头条。微信不得不用，因为是社交工具，但是我屏蔽了很多不太熟悉或者对自己没有什么意义的好友的朋友圈。而对于今日头条，我每天碎片化的时间总是会忍不住去刷上一会儿。今日头条和《王者荣耀》的相同之处就是为用户设计了一套上瘾机制，根据你点开的内容来不断认识你、了解你，分析你可能喜欢的内容，然后不断地推送同类型的内容，你用得越久它就越了解你，推送的内容就越可能把你粘住，不知不觉间，你的时间就过去了。

但是今日头条上的内容参差不齐，垃圾内容、重复内容、广告居多，所以一天花费很多时间在这些信息上对自己并没有任何帮助，浪费大把时间去看的基本上都是过目就忘的内容，实际上自己没有任何提升，更没有学习到什么。于是，我也下定决心将其删除。

在删除《王者荣耀》和今日头条，屏蔽了大量朋友圈后，我用手机的时间急剧减少。现在我开始把原来盯着手机的时间用来看实体书，或者在Kindle（亚马逊电子书阅读器）上看一些电子书。与此同时，我用来写作的时间也多了起来，特别是周末，可以输出更多的内容。

手机已经是我们日常生活中必不可少的工具，我们对它的依赖程度几乎跟人体器官一样。手机方便了人们的生活和工作，加强了人与人之间的联系，但是也渐渐变成了紧紧束缚我们的桎梏。

因为工作的关系，我平时不得不用一些手机上的App，还要时不时地去研究一些竞品相关的App，这是工作要求，无法回避。我时常在想，如果有一天我不再从事跟互联网相关的工作，手机上的App一定还能删去很多个，可以极大地降低自己对手机的依赖，每次想到这里，我都有一种兴奋的感觉。

我把自己的手机屏幕控制在了两屏，其实第二屏也就两个文件夹而已，里面放的都是一些不常用但是又必须要有的App，大多数是工具类。系统自带的用不到的App我也基本上都放到了一个文件夹中，只有真的需要每天用一次以上的我才放到桌面上，需要使用多次的我放在Dock（苹果操作系统中的停靠栏）区。这样，我基本上不会因为去找应用而花费时间。

正如前文列举的，游戏和内容类App是手机中最常见的时间黑洞。所以如果想从手机中解脱出来，必须要少用甚至删除这些App，不过这并非易事，需要找到一个健康的爱好分散注意力，才有可能奏效。

在社交软件上花费大量的时间精力也是我们现代人的通病。人本身具备社交属性，如今我们的社交关系大量地转移到了互联网上，于是网络社交成了另一个时间黑洞。你时不时地去看朋友圈，去刷微博，在各种会话组里周旋，有的公司还直接用社交App进行工作上的讨论，这一切都把我们的时间精力引到了手机上。我们虽然不能杜绝网络社交，但是可以精简社交关系，减少无效信息。比如屏蔽不太熟悉的人，退出没有必要的群组，将群组消息设置成免打扰，把工作和生活使用的社交工具分开，在特定的时间段来进行网络社交等。

时间是恒定的，每天只有24小时，你在一个地方花费得多了，在另一个地方必然花费得少。关键是你要清楚地知道花费时间多的地方是不是真正对自己有利的地方。也许你会说玩游戏是休闲，刷朋友圈是社交，看今日头条是获取新闻，这些并不是在浪费时间，况且人不可能一天到晚都在干不轻松的事。这个说法没有错，但是凡事都要有度。你并不一定要像我一样决绝，但至少要有一点儿抽身而出的毅力，不要盲目陷入别人设定好的上瘾机制不能自拔。到最后你会发现，你所谓的休闲、社交、新闻对你来说一文不值，它们都是一个个时间黑洞。

基本上少玩手机中的游戏、减少内容类App，以及降低网络社交频率可以帮助自己远离绝大多数时间黑洞，当然也可以再极致一些，比如：

1.在不影响日常生活工作的前提下，将手机长期设置成静音，这样可以减少被各类App推送打扰的机会；

2.尽量用音频类App代替需要阅读的App，因为音频类的App可以在做其他事情，例如走路、运动的时候使用，可以提高时间的利用效率；

3.每下载一个App就先删除一个App，手机上的App尽量只保留工具类，真正把手机当成一个工具；

4.把必须要保留，但是不需要时时提醒的App的通知都关闭，否则屏幕一亮又会被吸引；

5.用碎片化的时间去使用手机进行娱乐和休闲，尽量把整块时间留给真正有意义、有价值的事情；

6.用可接电话，收短信、微信的智能手表代替手机，彻底摆脱手机的束缚。

时间永远是最宝贵的资源，如果你的时间一直被碎片化，一直被他人消耗，一直做很多无意义的事情，那么工作效率肯定会成问题。不要奇怪自己一天下来好像什么事情都没有做，但是又感觉挺忙的样子，其实时间都是被自己一点点地浪费掉了。

增加有质量的时间，把时间尽可能多地留给自己，多深度学习，学会屏蔽无关的信息，合理地制定计划，才能告别被时间黑洞吸附的状态。

把时间变现，你的一天可以很值钱

我在上一家公司有两个同事，他们都是应届硕士毕业生，来自相同的学校和专业，毕业后同时入职我所在的部门。从入职的起点和资质上看，两个人相差无几。因为没有工作经验，两个人刚开始都是做相对比较基础的工作。

当时公司地点在关内，属于深圳比较繁华的地段，周边配套好一点儿的、位于地铁口的小区房租都非常高。作为刚参加工作的应届毕业生，租起来是有点儿吃力。

这两名应届毕业生分别采取了不同的租房策略。A选择了离公司非常偏远的关外，跟别人合租一个小区房，周边配套还算可以，住得也比较宽敞，只是到市区要花费很长的时间。他每天坐班车上下班，如果遇到高峰时段堵车，单程就需要一个半小时，所以他经常一天要花三个小时在路上。B则选择离公司很近的一个城中村，也是跟别人合住，住宿条件差了不少，房子比较小，周边环境比较嘈杂，唯一的好处就是交通便利，楼下不远处就有公交站，坐公交车到公司只要半小时。

那么，这两个起点差不多的应届生是如何渐渐拉开了差距呢？

住在关外的A每天准时上下班，从来不加班，因为他要赶班车，一旦晚上没有赶上班车就得坐加班车，到家就得夜里10点多了。如果是自己选择公交、地铁，那要换乘很多次，没有两个小时也到不了家。住在公司附近的B则不同，他每天很晚才回去，就算没有工作，也会看一看以往的产品案例，因为住宿条件也不怎么样，还不如有空调、有网络的公司，还有免费的晚餐和补助。

部门有时候会组织团队活动，比如聚个餐、看个电影，由于A住得非常远，基本不参加，而B则是活动的积极分子，不仅每次都参加，还会主动张罗。

后来B因为试用期间表现优秀，转正成绩得到了A等级，马上有了一次加薪。A则转正成绩平平，评审认为他只是很普通地完成了属于自己的工作，提升不明显，因此只得到了C等级。

应该说他俩在试用期的差别并没有特别明显，毕竟只是应届生的转正答辩，但是能看出部门对两个人的不同看法。对于A，每天朝九晚五的轻松白领生活，对团队活动不感兴趣，更多是追求自己的生活，和整个部门的氛围不太融洽。而B则让人感觉有上进心，珍视自己的工作，积极融入团队。如果你是他们的部门领导，你会怎么看呢？

这还仅仅是开始，因为B离公司比较近，他的上司和领导有时候会在周末让他去办公室处理一些紧急的事情。甚至有一次，部门领导第二天要出差，但是有份重要的PPT忘记拷贝，就在晚上让B去帮忙发给他。B二话不说马上打车到公司，不仅及时发给了领导，还在发之前仔细检查了一遍，优化了一些文案和排版。

再后来，B越来越得到领导的重视，负责的产品越来越重要，承担的工作也越来越多，相应的，他的职级上升得越来越快，工资也得到了大幅增长。反观A，一直原地踏步，和刚进公司时差不多，负责一些很边缘的产品，也没有什么绩效。

渐渐地，B已经成为部门的骨干员工，接着又成了新员工导师、小组长，最后竟成了A的上司。

现在的B早就买了自己的房子，还是在公司附近，而A还是在关外租房子住。

一个人职业上的成长会有多方面的因素，尤其是在刚踏入职场的时候，上面的例子并不能直接得出结论：正是B比A住得离公司近，最终造成两个人之间的差距。我相信个人的主动性和对工作的投入度也是造成两人之间的差距的主要因素，如果B是一个心思不在工作上、不求上进的人，即便住得再近，也不见得比A有多大优势。

不过，B住得离公司近一点儿，不得不说是“近水楼台先得月”，至少是获得了很多A无法获得的机会。有些机会看似不起眼，或许只是帮上司、部门经理一个小忙，但是都可能为以后获得更大的机会做了铺垫，也或多或少地影响了领导在一些关键事件上的决定。

地理位置是个优势，可以帮助你节省很多非工作时间。如果公司附近没有合适的房源，你也应该尽量选择交通便利的地方，哪怕是房租稍高一点儿，生活艰苦一点儿，也不建议住到很偏远的地方去。住在偏远的地方看似省了点儿房租，但会浪费很多宝贵的时间，尤其是刚开始工作打基础的那几年，可能因此而失去很多的机会。职场上的机会本来就是稍纵即逝，你抓住了就是你的，别人抓住了就是别人的。

上面两个应届生的例子就是选择不同的住处导致两人的工作时间和状态差别巨大，不要小看平时这一点点的通勤时间，日积月累也是很大的一笔时间，如果能充分利用起来就是弯道超车的机会，而平时各种碎片化时间的利用以及对时间的管理都会产生复利效应。

你的同事中或多或少会有这么几个人，他们行业经验丰富、业务能力强、工作效率高，他们是你刚参加工作时学习的好榜样。工作时间不长、工作经验还不够丰富的你，是否有机会成为他们那样的人？

每个人每天拥有的时间都是一样的，工作时间也差不多，但是不排除有人经常加班而拥有更多的工作时间。在这里并不是鼓励大家拼命加班来完成更多的工作，虽然不少公司，特别是互联网、高科技类的公司都流行这样的文化，但是加班是否意味着产生更多的价值，是否等同于高效率，是否可持续，这些是要打问号的。

所以，与其想着跟别人比拼工作时长，不如考虑怎么把自己的时间安排得更加合理，利用得更加高效。面对工作经验比你丰富的同事，你要做的就是通过各种工具以及利用碎片化时间使自己有价值的时间比他多。

工作日的一天，上班时间从走出家门就开始了，一直持续到晚上下班回到家的那一刻，除去考勤规定的工作时间，还有不少剩余的时间，合理利用这些时间才是增加有价值时间的不二法门。早上去公司途中所花费的时间，尤其是早高峰时段，有可能非常长；在公司里可能有排队等电梯、食堂就餐，以及午休的时间；下班后有回家途中耗费的时间。对于一些需要经常出差的人士来说，还有在公司外的交通时间，包括等客户、候机、坐飞机的时间，不一而足。只要足够细心，你就会发现这些“非工作时间”非常多。

以一个朝九晚五的上班族为例，早上八点钟出门，晚上六点钟到家，加上中午一个小时的午休时间，一整天有十个小时跟工作相关，但是真正用于工作的时间只有七小时，还不算这七小时中玩手机、处理私事、聊天、休息的时间。

我们可以看到，即便是不加班，很多工作时间也并没有真正被用于工作中。大量碎片化的时间一般都是你不在办公桌前面对电脑的时间，这也给了你一个不工作的理由。可是工作就一定要在办公桌前正襟危坐，在电脑键盘上运指如飞吗？

我们先来分析一下工作的组成。最重要并且直接产生价值的工作是岗位工作，比如程序员编写代码、设计师设计界面、老师在课堂讲课、司机开车等。但是并不是说我们只做岗位工作就可以了，通常一份工作还包含很多通用的部分，比如发电子邮件、写工作汇报、打电话、开会、制定计划等等。除此之外，我们的工作还需要和不同职位的人互相配合，如提交、审批电子流，上下级之间的沟通对接等等。

不难发现，不少通用工作并不一定要在办公桌前才能完成。那么如何通过各种工具，利用碎片化时间去处理那些非岗位工作呢？

工具包含随身携带的智能手机、便携的笔记本电脑、iPad（苹果平板电脑），以及其他方便移动办公的应用。智能手机可以随时随地上网，而且功能强大，除了能进行基础的回复邮件、处理文档外，还可以很方便地召开电话会议。有的邮件只需要简单地回复即可，并且没有很紧迫，那么利用排队、等地铁、坐电梯的时间就可以处理了。如果你是产品经理，或是需要异地团队协同、频繁联系客户，那么就需要经常接入电话会议，而用手机召开电话会议意味着你可以处于移动状态，不一定要在办公桌前。

现在很多公司都已经统一让员工使用移动办公的应用，不仅可以进行移动的考勤、团队成员之间的交流，还可以方便快捷地提交、审批电子流，编写工作日志，安排团队任务，设置项目计划，传输保存共享文件，预定会议等。而这些工作都可以利用上下班途中等碎片化时间去处理。当你在班车上或地铁里不再是刷朋友圈、看八卦新闻、听音乐，而是编写一天工作计划或总结、查阅项目文档、跟还在工作的同事讨论问题，你的有价值时间就会逐渐增多。你可以更早地开始一天的工作，更从容地结束一天的工作，而并不必额外占用生活上的时间。

对于比较长的碎片化时间，比如候机、坐飞机、乘坐火车的时间，你可以用来看杂志、读报纸、浏览视频，同样也可以用手机来开电话会议，用笔记本电脑、iPad来写项目报告、方案计划，修改PPT，审阅文档等。

除此之外，有些一对一的沟通工作、简单的问题讨论也可以利用午餐时间，而不一定要占用在办公桌前工作的时间。这一点李开复就做得很好，他在Google（谷歌公司）担任高管的时候就利用午餐时间和下属沟通，每天都跟一名下属谈话。和下属沟通其实是一名管理者的日常工作，如果把时间安排在正式的工作时间和办公场合，效果反而不好，还会占用下属岗位工作的时间，放在午餐时间彼此都会更轻松一些。即使没有谈很实质的工作内容也没关系，反正也没有浪费时间。

基层员工或许不愿意在午餐时间去跟自己的主管沟通，但是同事之间如果有一些工作上的问题需要讨论，又恰巧在工作时间一方没有空，那么也完全可以考虑利用午餐时间。当然，午休不讨论工作，好好享受午餐，那是另一个话题。

每天的碎片化时间是如此之多，如何合理利用是一个不断摸索的过程，每个人的情况都不一样。比如有的人是乘坐公交车、地铁上下班，有的人是打车上下班。乘坐公共交通可能比较拥挤，不方便打电话或是编写文字内容，但是可以查看文档、处理邮件、审批电子流。如果是打车，则相当于购买了别人的时间，既可以用手机移动办公，也可以用笔记本电脑处理更复杂的事情。

利用碎片化时间并不是为了占用所有时间，而是根据不同工作的性质和碎片化时间的特点，有针对性地进行multi-tasking（多任务处理）。短的时间就处理简单的事情，长的时间就处理内容多一点儿的工作，稳定的状态就处理需要思考、复杂编辑的工作，移动的状态就处理可以语音参与的工作。

你完全不需要额外加班来获得更多的工作时间，能有效利用各种碎片化时间就已经足够增加你的工作时长，还能使你在办公桌前工作时精力更集中，效率更高。日积月累地利用碎片化时间，就像金钱的零存整取一样，终有一天，你会发现曾经的碎片化时间质化成了一个价值不菲的账户。

第二章

自律习惯：管好你自己

好习惯可以让人受益终身。在工作中，好习惯不仅可以提升效率，还能塑造出一个正能量的职场形象。

你想要的样子要靠自己塑造

在过去的两年时间里，我利用晚上和周末的时间写作，不知不觉已经写了500多篇文章，共计100多万字，出版了4本实体书、2本电子书，还有3本已经交稿，另外3本正在写作中。通过写作，我了解了很多关于自媒体平台、书籍出版的知识，也认识了很多作者、编辑，以及各平台的运营人员。因为只能在工作之余写作，要做到持续输出必须依靠自律，每天都尽可能地抽出一部分时间写作。虽然我的工作比较忙碌，但是就这两年的写作经历来看，基本上还算是达到了比较自律的水平。

在职场中做一个自律的人也非常重要，这是走向成功的条件之一，我们很少看到一个懒懒散散、没有时间观念、不遵守公司规定、不在意企业文化的人在一个公司里能发展得很好。公司虽然不像政府机构那样严肃，有些互联网公司或者创业公司还会营造一种相对宽松的工作氛围，比如上下班时间不严格，工作时不需要正襟危坐，有的还可以带宠物上班等，但是这并不代表你就可以在这样的环境里放纵自己，丧失自律。

那么职场中有哪些自律的习惯可以让你受益终身呢？

首先是要有时间观念。一个没有时间观念的人会给人一种很不职业的形象。时间观念表现在多个场景，并非只是简单的上班不迟到、下班不早退。前面提到有些公司对上下班时间没有特别严格的要求，或者为了照顾员工，提升幸福感，采取弹性工作制。比如正常的上班时间是8:30，下班时间是18:00，如果早上晚来了一个小时，那么晚上就晚一个小时下班，这样可以方便家离公司远的员工，也可以让有孩子的员工早上送孩子上学，避开上下班高峰期。从公司制度的角度出发，的确更人性化，但是我们不能过度享受这样的福利，否则很可能会造成整个团队的低效率。

职场中基本上所有的工作都需要跟他人协作，如果今天你弹性一个小时，明天我弹性两个小时，再加上时不时地请假、调休，会大大减少协作时间，必将导致组织整体效率降低。以我现在的公司为例，原先也是采取了非常宽松的上班时间，主要是考虑到有的研发人员可能晚上加班到很晚，这样可以让他们第二天晚一点儿来。但实际情况是，很多人并非加班到很晚，第二天早上也来得特别晚，有的人甚至10点多才到公司，还要吃个早餐，一上午几乎做不了什么实际的事情，就已经到了午休时间。后来人事经理就把上班时间改到了8:45，规定只有前一天晚上加班到9点之后的人才允许第二天早上晚半小时到岗。

新规定出来后有不少人不适应，甚至在执行好几个月后还是有人经常迟到，即便人事经理强调这会影响到个人的绩效评估，他们依然改不了。经常迟到的人在自己潜意识里并没有很强的时间观念，这种情况也非常有可能出现在其他方面。比如开会、培训的时候迟到，让一群人等自己，或者在别人已经开讲后突然闯入会场，打断别人；比如对工作完成的时间点没有足够的重视，过了deadline（截止期限）还要继续拖延；比如见客户、出差赶飞机都不预留出时间余量，导致耽误重要的事情。相信没有任何一个上司会喜欢一个总是迟到、耽误事的下属，执行力中很重要的一点就是在规定的时间里完成规定的事情，不自律的人很难有好的执行力。

这让我想起了我们集团的战略会议，这个会议每年都会举行若干次，与会者是来自各个部门的核心员工，会议都是早上8:30准时开始，但是由于每个部门的作息时间不同，经常要到将近9点人才到齐。后来会务组就统一规定，一到会议开始时间，就把会议室的门锁起来，安排保安把守，迟到者必须扫描门上的二维码，上交500块作为爱心基金才能放行。这个规定出台后，果然再没有人迟到。相信也有不少公司采取迟到罚款的措施，如果每个人都有很强的时间观念，不好意思耽误别人的时间，就不必如此大动干戈。你要明白，你的每一次迟到都会为你的专业形象减分，一旦给上司留下不守时的印象，职场之路就会走得很艰难。

其次是要有良好的工作态度。说得简单点，就是上班得有上班的样子，否则也会给人留下不自律的印象。很多公司尽可能地给员工营造一种宽松的工作氛围，目的是减少员工由于工作环境产生的压力，本质上还是想让员工更加投入到工作中去，而不是尽情享受。不自律的人很可能会把宽松的工作氛围当成自己懒散、不遵守工作纪律的借口。

保证上班的时候是在真正工作，不仅仅是对工作负责，也是对自己负责，因为聚精会神的工作肯定效率更高。但是有的人总是容易被各种私事打扰，或者有意在工作时间处理私事，比如上班时玩手机、打游戏，甚至睡觉。在全神贯注工作一段时间后适当休息是可以理解的，特别是脑力劳动者，但是如果自己的本职工作没有完成，还不断被其他事情吸引，不能集中精神处理工作，这是很不自律的工作态度。

跟他人协作，比如开会的时候，不论是在别人主导会议、应该仔细听讲的时候，还是在应该主动讨论、发表意见的时候，你都在一旁事不关己地刷手机，这样不仅不礼貌，也会给他人留下不好的印象。哪怕是有重要的电话，也应该离开会场接听，不能影响他人。我们有时候参加重要会议时，会务组会在开会之前要求大家上交手机，统一保管，结果是手机被收到了一起，开会时不是这个手机电话铃声响，就是那个手机日程提醒铃声响，反而搞得现场很混乱。如果大家都能拿出专心开会的态度，就不会引发这么多的问题。

最后要保证自己工作输出的质量。我们评价一个人的工作能力不强，通常是因为其工作输出质量比较差，如果你的工作输出让人交口称赞，你的能力肯定差不到哪里去。保证自己工作输出的质量是一种很重要的自律表现，要做到这点就需要站在他人的角度看待自己，对自己严格要求。

以工程师为例，有的工程师编代码十分规范，自己会做严格的自测，给他人review（审查）的时候也很高效，即便是换一个人接手也非常容易。但是有的人可能急匆匆完成代码编写，就把测试的工作交给别人，出了问题再修改，换个人接手，根本无从下手。

这个方面不但是对工作的自律，也是热爱工作的表现。一个真正热爱工作的人一定会保证自己工作输出的质量。为什么我们总是敬佩那些具备匠人之心的职人（指手艺人，工匠），因为他们无比热爱自己的工作，始终保持着高度自律的态度，不断精进自己的输出水平。这就好像你喜欢一个房子，就会把它打扫得干干净净，布置得美观舒适，但如果你觉得它是租来的，自己早晚要搬走，那可能对脏乱差就无所谓了。

如果你能做到很守时，工作态度认真，工作输出保证高质量，那么可以说你在工作中已经是个非常自律的人，当你给周边的同事、上司、客户、同行留下这种自律的印象时，别人就会觉得你很职业化，会把你当成一个值得信任的对象。有了这种信任，只要在合适的环境中，你就能得到更多的机会，成长的速度也会超越别人。反之，如果你在工作中不够自律，不仅会失去提升的机会，而且很有可能总是处于埋怨团队或者环境的状态。

不自律的人最喜欢怪罪环境

大多数人的微信中都有一个微信运动的应用，是否有人长期占领你的封面呢？我有一个朋友，基本上每天都会超过两万步，这意味着他每天要跑步差不多10千米。这对于我来说就很不可思议，坚持一个月、半年或许有不少人能做到，但能持续好几年，就很不简单了。

著名作家村上春树也是每天跑步一小时，并且坚持了几十年，这已经不是简单地靠毅力支撑，而已经和吃饭、睡觉一样，成了日常习惯，是不由自主会就会去做的事。

罗振宇每天早上会雷打不动地在“罗辑思维”公众号上发布一条60秒的语音，他声称要坚持10年，现在已经过去4年，还有6年的时间，也就是说，他还要再坚持2000多天。也许经过这么几年的锻炼，他已经可以比较熟练地掌握语速，但是每次都做到精准的60秒，相信也不是特别容易的事情。我之前看过一个新闻，说是罗振宇跟人吃饭，吃到一半就到一旁录制第二天要发的音频。

有人会说罗振宇是打着知识服务幌子的奸商，虽然我也认为仅仅靠每天听几分钟的音频节目不见得能给自己带来多大变化，但是换句话说，手艺人靠手艺吃饭天经地义，像这样兢兢业业向大众输送知识、传递毅力与恒心的“奸商”，我认为可以多来几个。

另一个我喜欢的知识服务者是财经作家吴晓波，我时常在喜马拉雅上听他的节目，有一期节目是“60后处女座的一千天实验”，讲述的是他转型创办自媒体的经历。虽然对创业者来说，一千天可能还不算一个很长的时间，但是已经能看到他的坚持，毕竟每次20多分钟的视频节目也是要花费很多时间和精力的。你可能要说，这不就是他的工作吗？我自己不也上班了好多年吗？但是你要知道，你上班只是为了养家糊口，而早就财务自由的吴晓波根本就没有生计压力迫使他去坚持，他所做的是他的日常。

我最喜欢的美食纪录片是《寿司之神》，里面的主人公小野二郎从孩提时代就开始学捏寿司，他保持这个习惯已经80多年了。他早就不需要靠开寿司店来养家糊口，早就可以颐养天年，但是他仍然精益求精地每天坚持捏寿司。这件事在我们普通人眼里就是一种不可能，却是小野二郎的日常。

华为主要创始人任正非40多岁创业，现在已经将华为打造成世界第一的通信公司，但他还是经常自己去见客户，到欠发达的国家出差，甚至自己坐地铁、打车，在员工食堂吃饭，并且只拿着1%的股票。有些人觉得这是炒作，但这其实这也是这位古稀老人的日常。

今天也有个同事问我为什么每天都可以更新文章，好像挺不容易，其实对于不写作的人来说的确有些不可思议，毕竟有的人上学时写个八百字的作文都要绞尽脑汁，天天写岂不是要疯掉？可是对于我们这样的写手来说也是日常，唐家三少每天还写八千字，而且数十年如一日呢！

举了这么多例子，只想说明一个道理：永远不要拿自己的毅力和能力去衡量别人，你做不到很正常，因为你找不到那个可以让自己专注于某件事的支点。而有的人找到了，那些你看似不可能的事情早就变成了别人的日常。自律的人都很相似，而不自律的人换个环境还是一样。

前不久一个亲戚让我给他的孩子找工作，当时我有些惊讶。因为据我所知，这个孩子大专毕业后在家人的安排下进入了一个事业单位，按理说对他自己和家人都算是功德圆满。毕竟在我们老家那样的小县城，毕业后回到家乡，能在事业单位里有个铁饭碗，然后在适当的年纪结婚生子，已经是非常不错的人生规划。

所以我很好奇亲戚为什么突然要给他找工作，而且是要离开家乡到外地。我最初以为是年轻人适应不了事业单位的工作环境，想到外面的世界闯一闯，但是通过亲戚的诉苦才知道，原来他孩子上班的时候经常不遵守规定，刷手机、打游戏是家常便饭，又没有什么过人之处，最后被领导给辞退了。他自己可能认为家里有关系，事业单位又没有什么工作压力，所以不自律也没什么大不了，但是没想到，即便是在小县城里，也容不得过分的自由散漫。

了解到这样的情况后，我想起亲戚的这个孩子上学时就是个不自律的学生，能考上大专也是家人花钱托关系让学校降分录取的。可以想象得出来，在上大学期间，他肯定也时常翘课泡网吧，能混到毕业就很不容易了。现在到了工作岗位，他延续了之前的习性，但是单位不同于学校，没有领导愿意要这样的下属，被辞退是早晚的事。

我知道亲戚心里的焦虑，希望他儿子能换个环境，改头换面成为职场精英，可是这样的概率实在是太小。而且我也不是什么公司老板，可以不顾对方能力，只看关系就随便安排一个工作。熟悉一线城市求职的人都知道，即便有人推荐仍然要经历好几轮面试。我心里十分清楚，亲戚的孩子几乎不可能通过面试，就算侥幸通过，按照他这种不自律的习惯，也无法通过试用期。假如我推荐这样一个人到自己的公司或者熟人的公司，不仅“坑”了对方，还会降低我自己的信用，让自己难堪。后来我就只能找一个学历和工作经验方面的借口，说是没有合适的工作岗位可以推荐，算是应付了过去。虽然我对亲戚有点儿内疚，但是他的问题我的确解决不了。

这让我想起了我的一个朋友，他以前租的房子离公司有点儿远，每天早上要赶班车。班车经过他那里的时间比较早，他又是个很典型的夜猫子，不是熬夜看视频就是打游戏，早上起不来是常态，赶不上班车也是自然而然的事情。所以他不是迟到就是花不少钱打车上班。他的公司相对比较宽容，对于员工迟到并没有很严厉的处罚措施，但是朋友知道这样很不好，至少他的上司很看不惯。有一天，他就对我说，如果他能住得离公司近一点儿，那就什么问题都没有了，一定能每天按时上班。

后来，他真的在家人的资助下在公司附近买了一套单身公寓。本以为他能像他说的那样不再迟到，但是实际上没有什么变化。因为他自以为住得近了，从家到公司的时间大大缩短，所以早上可以更晚起床，晚上又能更晚睡觉，最后的结果还是经常迟到。朋友于是又开始抱怨，怎么住得近了还是会迟到，继而责怪公司的考勤制度太不人性化了。其实他不知道，对于他来说，即便是换个公司，情况也仍然是一样的。

不自律的人到哪里都一样，反过来也是如此，一个真正自律的人到哪里也是一样。我的上司每天早上6点钟就要起床跑步，不论是在家还是出差。有时候南方和北方的气温差别很大，南方已经温暖如春，而北方还是春寒料峭，但是自律的他仍然坚持早起跑步。我们经常一起床就能看到他发的朋友圈，或者在消息群看到他向我们展示他获得的新勋章。

其实很多著名公司的高管都非常自律，毕竟要应对巨大的工作压力，就必须要有自律的习惯。这样的习惯不仅表现在上班时间，还包括平时的运动、饮食等方面。尤其是一些国外公司的高管，你很少见到大腹便便的身材，即便是美国前总统奥巴马也要保持非常自律的运动习惯，穿的西装也非常合身。美剧《纸牌屋》里的安德伍德夫妇，一个是总统，一个是总统夫人，他们都是出色的政治家，不论有多么大的压力，也都会坚持划船和跑步。

在工作中也是如此，有的人在当前的公司工作提不起劲儿，处于被动敷衍的状态，觉得是公司环境、团队氛围、工资待遇、上司脾气等因素造成的，总是幻想自己换一个完美的环境，涨一笔可观的工资，自己的劲头就足了，就会认真工作，成为团队中不可或缺的人了。这样的情况不是没有，有的人的确不适合某些环境，但是恕我直言，大部分人换个环境还是差不多的。因为一方面不存在他心目中理想的环境，另一方面，不自律的习惯不会因为换了环境而改变。如果不懂反求诸己，能够得到的改变都不会很明显。

当你对环境有诸多不满的时候，特别是产生一种无力感的时候，首先要从自己身上找找看，是不是有什么可以改变的。

专注是开启“开挂”人生的钥匙

曾经看过一篇文章，名字叫《同班同学，十年之后的差距为何如此之大》，文章讲述的是中南工业大学的两个校友刘立荣和李盛的故事。这两个同宿舍的同窗好友，大学入学的第一天就因为下围棋结缘，上学期间不仅一起学习，还一起勤工俭学。毕业之后两人先是各自在不同的城市、不同的行业工作，一年之后两人同时辞去工作，南下广州闯荡，经历几番周折，两人一起被小霸王公司录用，再一次站在了同一个起跑线上。

在学校里，李盛的学习成绩出类拔萃，远超刘立荣，参加工作后在专业技术上也是更胜一筹。然而十年过去了，刘立荣摇身变成了金立通讯集团董事长兼总裁，身价15亿，而李盛只是上海一家不知名的电子公司的技术员，月薪仅5000元。

文章里记录了不少二人逐渐拉开差距的桥段，核心思想是刘立荣做事细致、关注细节、懂得反思，同时还很有胆识和魄力，对职业有规划，工作和生活都非常自律，而李盛做事粗心、应付工作，并且贪图安逸。正是这些看似不起眼的差别，造成了两个人今天事业的悬殊。

或许这类企业家的成长故事离我们很远，就如同马云、马化腾、李彦宏、雷军他们也有同学，而他们也远远把自己的同学甩在身后一样，因此很多人会觉得这些人都是特例，甚至会拿出他们的家庭背景、运气等外界因素来证明他们的成功具有很大的偶然性。可是就算我们自己和同学之间的差距没有像这些成功人士和他们同学之间的差距那样巨大，我们也不得不承认，曾经看起来和自己差不多的同学在若干年之后也已经不可同日而语。

有次无意间看到一条新闻，名字叫《蔡依林简直是一个被歌唱事业耽误的蛋糕师》，说的是她接到好莱坞巨制电影《新木乃伊》的邀请，与汤姆·克鲁斯共度下午茶时光，于是花了7天时间亲手做了一款惟妙惟肖的“东方僵尸遇上西方木乃伊”翻糖蛋糕。

蔡依林是在一个偶然的机缘下自学翻糖蛋糕的制作，之后就一发不可收。2016年她还带着自己的翻糖蛋糕作品《玛莉莲·梦露》

到英国参加比赛，并获得了金奖。看到这个新闻，我不禁惊讶于蔡依林居然有如此的天赋。虽然我不是她的粉丝，但是也陆陆续续知道她有不少演艺事业之外的爱好。不只是得了金奖的翻糖蛋糕，其他爱好如体操、出英语教材、做设计等，她也是做得有模有样。

我经常听到有人说自己工作太忙，根本没时间发展个人的兴趣爱好，可是你再忙能忙得过这些每天要跑通告、开演唱会、彩排、拍MV（音乐短片），每天就睡四五个小时的艺人吗？没有人能随随便便在不同的领域里获得成功，蔡依林能做到我们不敢相信的事情，这和她专注而又自律的习惯分不开。

有的人其实也有不少爱好，但是并没有把自己的爱好提高到一定水平，顶多只能算一个想起来就去做的事情，有点儿喜爱而已，但是不做也没什么大不了的。比如看电影、吃甜点、跑步、打球、看书。这些只能算是你自己感兴趣的事情，还谈不上是可以让你专注去做，并且想做得出彩、精益求精的事情。

有次看《奇葩大会》，认识了一个叫谷大白话的网红，他在国内专门翻译美国脱口秀节目，有超过700万的粉丝。他从2011年开始听译美国深夜脱口秀节目，然后发到微博，翻译得非常精准，深受好评。有的人可能会说翻译美剧的人多了去了，只要英语好，有时间就行。但是能翻译和对翻译精益求精是两回事。谷大白话最开始翻译脱口秀节目是源自于自己的爱好，但是他特别专注，不仅要把脱口秀里的段子、俚语搞清楚，还要结合中国本土化的特点。比如为了体现国外的地域差异，他用上海话翻译英式口音，用东北话翻译黑人的口音，用汉语口语对应美式英语，同时还加入传统中国元素和网络流行语。

也许你也是每天在背单词、听英语广播、看英语新闻，你的目的可能并不是为了考试，而是单纯的源于兴趣，但是如果想上升到一个专注的爱好程度，那就需要有更高的标准。不能三天打鱼两天晒网，要有严格自律的训练才能出成绩。

我还想到了艺人谢霆锋，他有词曲创作的才华，演戏也拿过香港金像奖的影帝，可以说他的本职工作已经比很多人都出色，同样，他也是一个把爱好发展到极致的人，看过《十二道锋味》美食节目的观众应该知道，他非常爱好烹饪。很多人喜欢做菜，会经常做做家常菜，但是还谈不上是一个专注的爱好。而谢霆锋真的是去专业的厨师学校接受培训，潜心钻研各种食材、烹饪手法以及全球各地的特色美食，最后，他不仅可以在美食节目中教大家做菜，还可以在中央厨房担任行政总厨。

我遇到过不少自以为热爱写作的人，但是真正能每天抽时间专注于写作，能够持续输出的人屈指可数。很多人或许是真的爱好写作，但是缺了一点儿专注。从上面举的例子就可以看出，说自己没有时间发展爱好都是借口，觉得爱好会影响自己的本职工作也是杞人忧天，上面所说的明星、网红、企业家的本职工作都做得非常好，但是爱好也做得很好，根本没有什么冲突。

所以，不用去羡慕别人“开挂”的人生，你应该好好思考一下，别人是如何做到专注和自律的，然后把这种精神运用到自己的工作中去，开启自己的“开挂”人生。

你要保持健康才能放肆风光

前段时间全国爆发了严重的流感，身边不少孩子和大人都被感染了，而且不仅是寒冷的北方，在相对温暖的沿海地带也出现了大量的感冒人群。一时间朋友圈成了大家晒病情和讨论治疗的专场，你刚发完带孩子看病的心情，他就晒自己在医院打点滴的照片。身边也有不少同事坚持带病上班，戴着口罩对着电脑工作，顺便也不忘告知亲朋好友自己是多么辛苦地工作。

比较幸运的是，虽然身边一群病号，自己的身体素质也很一般，但是这次我没有中招，不知道是不是最近两个月一直坚持运动打卡的原因。相信很多人跟我一样，每天工作时间比较长，并且伏案久坐，有时候忙起来忘记喝水，甚至错过吃饭时间。随着年纪增长，体重也逐渐攀升，加上工作压力比较大，已经出现了“过劳肥”的现象。这不仅带来了体型仪表上的问题，还会导致身体素质变差，引发亚健康甚至各种疾病。

我们经常在新闻报道里看到职场精英、创业先锋猝死在工作岗位上的事，这些人大多三四十岁，最多只是刚刚步入中年，却因为工作压力、过度劳累、忽视健康等问题早早离开了人世。我们在为这些人惋惜的同时，也应该提高警惕，好好管理自己的健康。

去年年底，我在部门群里呼吁大家建一个打卡群，每天做适量运动，提高身体素质，简单来说就是要养成一个相对自律的生活习惯。一时间有十几个同事加入了打卡群，有的人选择每天做平板支撑或仰卧起坐，有的人选择去健身房做器械锻炼，有的人选择打球、做瑜伽等，大家开始为一个更好的自己而运动。但是绝大部分人连两个月的时间都没有坚持下来，有的人只坚持了三五天，还有的人只是加入了群却根本没有实际行动，只有极少的人还坚持着打卡。

养成自律的习惯的确非常困难，天气寒冷不适合运动啦，睡得太晚无法早起啦，临时有事计划被打乱啦。但是，抛开种种理由和借口，你真正需要与之做斗争的是自己的惰性、舒适的状态，即便你有条件并且明白这样做对自己有好处，但在没有十足的动机和毅力的情况下，还是很难坚持下去。

因为我家离公司比较近，自从加入打卡群开始，我几乎每天都走路上下班。我以前是打车上班，现在走路，发现用的时间也差不多。在饮食方面，早餐和午餐基本保持正常，只是减少米饭，避免特别油腻的食品，晚餐以酸奶、坚果和水果为主。十点左右我会再做大约25分钟的运动，运动项目来自于Keep（一款健身社交类应用程序）中的HIIT（High-intensity Interval Training的缩写，意思是高强度间歇训练）。

在这段时间，除非遇到意外情况，比如晚上有聚餐，我基本保持了上面的运动和饮食风格。不到两个月的时间我已经瘦了八斤多，睡眠也有了很大的改善。公司年会时，下午要步行长达12千米的路程，期间还有一些运动项目，我居然毫无障碍地完成了。尤其是在走路的时候，我受不了跟着大部队慢慢悠悠地走，以非常快的速度把其他人甩在了身后。

市面上有很多习惯养成类的书籍、文章，说什么只要21天就能养成一个习惯，我个人认为如果是你并不感兴趣、又要消耗体力、脑力的习惯，只有21天是很难养成的。对于一个不是很热衷于运动的人来说，想要养成每周5次左右的运动习惯也是十分困难的。无论是出于健身塑型还是减肥健康的需要，长期保持运动习惯对个体的自律精神都有很高的要求。

那么，如何养成自律的运动习惯，管理好自己的健康呢？我觉得有几点可以尝试。

首先，不要一下子给自己制定很苛刻的目标和计划。这是很多人在下决心运动时容易犯的错误，不是说不可以定高的目标，只是越高的目标意味着要有越强大的毅力和执行力，同时实际效果很可能和计划有比较大的落差，这样就不容易坚持下去。如果是抱着养成长期习惯的态度，不妨把目标和计划定得缓和一些，逐渐看到自己的成效，会有激励作用，长时间的坚持并养成习惯也相对容易一些。

其次，不要一冲动就办健身卡。有的人一想到运动健身就是去健身房，认为办了张卡，请了专业教练就会更有动力去运动。据我所知，很多人也就开始几天有劲头，后面就不再坚持，健身房最喜欢的大概就是这样的顾客了。除非真的是要练出非常完美的体型，如果只是为了保持健康，很多不花钱的运动方式其实就已经足够了，比如跑步、快走、跳绳，在家里的瑜伽垫上做一些运动等。

再次，选择适合自己并且自己感兴趣的项目。有的运动可能会让人觉得枯燥，比如跑步或者快走，这个时候戴上蓝牙耳机听音乐、音频节目、英语等会有不错的效果；在家做运动也可能会无聊，但是如果同时看电视节目，可能不知不觉就做完了规定的动作。有些人喜欢球类运动，这也是可以让自己坚持运动的方法。还有一些一举两得的方式，比如利用上下班的时间走路、骑车，平时做一些家务、遛狗等，这些都是日常需要做的事，同时抱着运动的态度，做起来就会比较轻松。

最后，跟他人组队，并在社交媒体中分享。这能起到督促和激励自己持续运动的作用，因为跟他人组队就会有社交压力，看到别人都在很自律地运动打卡，就会促使自己也加入其中，毕竟每个人都希望给其他人留下一个自律的印象。而主动在社交媒体中分享相当于给自己打气，就如同你吹了牛就要实现一样，不然也会给人留下没有毅力的印象。

养成自律的运动习惯，管理好自己的健康，对于日常的工作和生活也有较大的帮助，并不是说多运动就一定可以少生病、少去医院、少吃药，主要是运动可以让自己的作息更有规律，同时避免亚健康的状态，这样一来，即使在工作压力大的时候也能够集中精力。

所以，不要以自己生着病还在加班为荣了，这个时候的工作效率一定不高，虽然发个朋友圈能得到不少安慰。你要知道，真正应该引以为荣的是有规律的作息和运动习惯，有充沛的体力和精力去完成高强度的工作。

最自由的人生赢家比谁都自律

我曾经在一个理财群中讨论过财务自由的话题，大部分人都会把财务自由当成自己的理财目标，认为只要挣到足够的钱，或者发一笔横财，就可以不用再辛苦地工作，靠吃利息就可以生活，然后环游世界，做自己想做的事情。对于这样的观点，我的第一反应就是，他们并非是在追求财务自由，只是想逃避工作罢了。

我有三个朋友都达到了财务自由的水平，他们各自的达成途径不同，但是有一个共同特征，就是并没有因为达到了财务自由就开始享乐的生活，反而是异常忙碌，更加自律地工作。

第一位是一名资深的职场人士，姑且称他为老周。他曾经在两家大公司工作了十几年，做到了高管级别，收入和资产足以让自己的家庭过上财务自由的生活。已过不惑之年的他没有继续待在原公司，而是选择了辞职，做起了天使投资人。

做天使投资人跟以前的工作完全不同，他不仅需要天南海北地出差看项目、参加路演，还要每天抽出时间来学习各种新技术、新知识，辞职之后的生活反而比上班时忙很多。前不久，他投资的几个项目都获得了不错的成绩，有两个已经获得了多轮投资，其中有一个还有上市的潜力。这样一来，他的资产又会增加很多倍。

本以为老周会歇一歇，没想到他不仅没有放松，还跟美国的朋友合伙办起了公司。原来是在国内到处跑，现在变成了中美两地跑。因为中美两地的时差，他的工作时间和生活作息必须非常有规律，才能保证两边的工作顺利展开。

第二位是一名富二代，家里比较有钱，但是他并非纨绔子弟，自己在职场打拼了多年，有着很多专业经验。原本，他的父亲拥有很大的家业，他完全可以去他父亲的企业当个总经理。但是他大学毕业后自己找了工作，工作十余年后又辞了职去创业，而且是从零开始，靠众筹和融资获得资金，没有拿家里一分钱。

就在去年年底，他创业的项目已经小有成就，获得了欧洲某个代理商的大量订单，并且有多个机构和投资人向他伸出了橄榄枝。他非常忙，几乎没有周末，因为他所在的是一个跨国团队，和老周一样，他也时常需要利用时差工作，也需要非常自律。

第三位也是一名创业者，不同的是，他大学一毕业就去跟几个同学创业，创办的公司后来被一家著名的互联网公司收购，他也获得了不菲的回报，足以让他过上财务自由的生活。他很爱旅游，本以为从此他会开始周游世界，但是并没有，他又去开了一家新公司，成了一名连续创业者。

他的日程总是排得满满当当，连吃饭都要严格控制时间。我曾经问他累不累，他说有很好的时间计划就不累，如果不自律反而更累。

我的三个朋友并不能代表所有达到财务自由的人的状态，或许他们就是停不下来的性格。不过，多数商界名流、科技大佬也是差不多的状态，这些人长期霸占着富人排行榜，资产几百亿甚至上千亿，但是你不可能看到他们不工作、生活散漫的新闻。

虽然对于刚走入职场没几年的人来说，实现财务自由还有点儿远，但很多人的工作目标就是如此。需要注意的是，财务自由的终极目标并不是用现在拼命工作换取将来拼命享受，而是让你拥有更多选择的资本。那些早就达到财务自由的人根本不屑于过吃喝玩乐、无所事事的日子，他们会更加自律地工作和生活。道理很简单，因为只有自律才能达到真正的自由。

不懂自我管理，迟早被人清理

网上曾经流传乔布斯说过的一句话：“和优秀的人共事很简单：告诉他要做什么事，要什么效果，他就会想办法搞定，不讲条件。”经过无数次的积累，他本人就成了最大的“条件”，缺了他，这事别人搞不定。可见，越出色的人越善于在缺乏条件的情况下把事情做到最好，越平庸的人越是对做事的条件挑三拣四。

这句话所传达的意思我十分赞同，那就是优秀的员工不需要管理。你不需要用关键绩效指标来考核他们，也不需要过多指导其工作、进行频繁的绩效沟通，你只需要把事情交代下去，他们就会想办法自己完成，而且尽可能做到最好。

优秀的员工普遍具有几项特质。首先，他们有自己的想法和职业规划，不会轻易被外部环境或者他人所影响。身在职场总会经历各种各样的变动，比如组织架构调整、项目被砍、人事变动，这些事情可以说是时时都在发生。优秀的员工对于变化的适应性非常强，能迅速调整好自己的状态，就算是被分配到不熟悉的业务，也可以在最短的时间内熟练起来。更重要的一点就是，优秀的员工通常都十分自律，面对环境变化仍然能保持自律的习惯，像是团队里的稳定剂。

我有一个朋友，称他为Andy吧。Andy之前是一个部门主管，有一年他所在的公司组织架构发生了很大的变动，他的整个部门都被拆分，人员分流到了不同部门，Andy则是一个人被调到了一个新成立的部门，团队也完全是新组建的，上级也是他完全不熟悉的人。这次部门调整一部分原因是公司业务的需要，但是明眼人都能看得出来，这变动跟新上任的部门经理不无关系，他需要建立起自己的团队，对Andy的调整美其名曰“轮岗锻炼”。

Andy负责的业务跟原来的大相径庭，刚开始的那段时间很艰难，因为Andy自己对新业务还不太熟悉，新的下属也对他不太了解，所以工作常常很难安排下去，再加上新的上司对他不十分看重，Andy感觉自己从原先部门里的核心员工变成了一个被边缘化的棋子。

不过，这样的状态并没有持续很久，Andy很快调整好心态，着手改变现状，他首先加紧了解自己负责的业务，一有机会就找部门里有经验的老员工和周边部门的人请教。对于人员管理，虽然曾经的团队拆分了，但是管理的方式仍然可以沿用。他通过跟团队成员沟通，细心观察他们的工作情况，让每个人尽量去做自己擅长的事情。就这样，Andy很快就摸清了新业务，加上之前丰富的工作经验，他的能力逐渐被大家认可，整个部门也渐渐走上了正轨。第二年他所带领的团队被评为公司级的优秀团队，Andy也获得了新上司的认可。

我还认识一个“高级别”的同事，他因为自己的部门调整、项目被砍产生了诸多抱怨，经常在新部门里散播负能量，甚至在外面说公司的种种不是，好像自己受了天大的委屈，却连本职工作都没有做好，后来就被劝退了。级别的确可以在一定程度上反映一个人的能力，但并不是全部。不能自我管理也是能力欠缺的表现。

其次，优秀的员工有比较高的情商，做事积极主动，懂得先证明自己，再要求回报。情商在职场中非常重要，重要性有时候甚至会超过你的技能。没有哪个上司会喜欢一个能力高但是情商低的人，因为工作常常需要跟别人配合，仅仅自己能力强是不够的，还要保证跟别人能顺利合作。情商高意味着能跟别人相处融洽，能够妥善处理各种冲突，不会有出格的举动，这其实也是自律的表现。很难想象一个不自律的人会有多么高的情商。

情商高的人知道什么能说，什么不能说，同样的话在什么样的场合能说，什么样的场合不能说，而且不会让人觉得虚伪。除非你真的具有团队需要的无可替代的技能，或者能力高到不需要考虑别人的感受，否则你如果总是表现出自己的低情商，估计离被劝退也不远了。当你的能力还不高的时候，至少要做到不让人讨厌。

高情商不仅表现在为人处事、言谈举止上，还表现在工作态度上。高情商的人并不是投机取巧、假积极的人，反而是真正积极主动做事、懂得团队需求、知道如何为上司分忧的人。上司在分配工作的时候，如果遇到一个很重要的任务，很可能会优先考虑团队中不但能力出色，情商也很出色的人。

我在上一家公司就有一个同事，情商奇低，总是在公开场合说不合时宜的话，或者在抄送了很多人的邮件里跟别人发生争执，而且言辞激烈，一定要证明自己是对的，完全没有意识到自己给团队带来了不好的影响，也不考虑给上司带来的麻烦。我觉得他可能因为是独生子女，从小被父母、亲戚长辈宠惯了，但是在工作场合没有人会宠着你，大家只会觉得你缺乏教养，不懂得自律。

这名同事后来换了好几个部门，其中有个部门的领导跟我比较熟，他就曾经有些无奈地对我说，他去哪个部门，哪个部门就遭殃。他没有夸大其词，部门里如果有个情商低的人，的确会对整个团队造成很大的不良影响。这名同事已经工作了十几年，能力和经验也算不错，但是一直是一名基层员工，因为情商太低，始终离优秀还差很远。

优秀员工还有很多其他的特质，比如能有效区分事情的优先级、执行力强、善于解决问题、除了专业技能之外还有很好的通用素质，等等。虽然不同的人之间存在经验多少、水平高低的客观差异，但自我管理和这些无关，不需要被管理本身就是优秀的表现之一。

如果你总是在被动接受工作，总是抱着拿多少钱干多少事的态度，总是等着导师、上司、经理等人给你指导，不知道自己想办法去解决问题，甚至不知道团队、上级对你的期望，那么你就要反思了，这样下去你只能远远看着那些优秀的人和他们的高职位。记住，团队里只有优秀的人才能胜出，那些不懂自我管理、缺乏自律的人只会被越甩越远。

第三章

技能管理：技多不压身

技能管理很像游戏里练级后获得的技能点。专业技能如何精进、通用技能和辅助技能如何形成合力，如何提升自己的综合能力等等，都需要技能管理。

要精也要进，再专业也得与时俱进

前不久由于部门调整，需要招聘后端开发，一位同事推荐了一个朋友，这个朋友是他在上一家公司的同事，为人稳重老实。一般同事推荐的人都相对可靠，所以我们就赶紧约过来面试，希望能在年前发出offer（录取或录用通知书），这样年后就可以办理入职。

面试当天，技术面试官刚好有时间冲突，所以就让人事经理先做素质面试，面试的结果还不错，人事经理同样认为面试者比较稳定，5年多都没有换工作，典型的程序员气质，缺点是对职业规划没有什么想法，基本符合岗位要求。之后就是两轮技术面试，第一轮是由推荐人自己面试的，因为彼此比较了解，所以这一轮也没有什么问题。第二轮需要总监亲自面试，我就派了一名技术出身的产品总监，但是结果不理想，总监认为面试者负责的产品内容单一，技术也比较单一，不太符合岗位的技能要求，最后没有让他通过面试。

我把总监的意见反馈给了推荐人，推荐人自己也表示这名朋友的确有这样的缺点，因为长期在同一家公司工作，一直负责同一个产品，难免技术单一。这番话让我想起了人事经理给出的面试意见，人事经理不懂技术，自然无法了解到这名面试者的专业技能究竟达到什么水平，但是她利用自己的面试经验，总结出了面试者对自己的职业规划没有什么想法，不得不说，人事经理和总监对这个面试者的评价在某种程度上是一致的。

这个案例让我陷入了沉思，因为按照我们公司的招聘标准，其中一个刚性条件就是应聘者必须稳定，每段工作经历至少要两年，而上述面试者五年在同一家公司，是非常符合这个要求的，但是也导致了他在技术上的单一性。这仿佛变成了一个死循环，想稳定但是造成了技术单一；想技术多样又要不断换工作，就造成了不稳定性。

那么，如何在保证稳定性的前提下做好专业技能的延展呢？

这是一个分工协作的时代，员工在岗位上负责的内容都比较有限，使用的技术也不一定要面面俱到，所以很多工作者仅仅把满足当前工作的要求作为目标，觉得自己只要具备完成当前工作的技能就已经足够，换个工作大不了再学。这样的想法很可怕，从心态上来说就是得过且过，没有上进心，从职业上来说就是没有对自己的专业技能做好规划，寄希望于通过换工作来掌握更多的专业技能，而结果很可能是像前面的面试者一样错失机会。

专业技能的延展可以分为纵向和横向，这两个方向都非常重要。纵向是指当前工作要求技能的深度，即便是同一个岗位要求的技能也有不断精进的空间，会有新的技术、工具、方法、思想不断升级迭代，要想成为一个领域里的专家，唯有不断深入学习，使自己的技术跟得上时代，而不是仅仅满足于当前工作岗位的要求。横向是指当前工作要求技能的广度，前面提到这是一个分工协作的时代，一个工作基本上都有上下游以及相关岗位、相关知识，仅仅满足于自己的一亩三分地，就无法跟他人很好地配合，不仅自己负责的工作推进会有困难，如果遇到升职的机会，也很难把握住。

可以说，专业技能的纵向延展是为了更高效地解决自己负责的问题，而横向延展是为了建立自己的影响力，更好地解决团队配合的问题。

关于专业技能的纵向延展，我想起了美剧《实习医生格蕾》。这部美剧讲述的是一群实习医生成长为专业外科医生的故事。其中有几个情节，以心脏科为例，曾经有一个年长的女医生在做手术的时候不会用新仪器，坚持用传统的手术方式，对新技术非常敏感的实习生克里斯蒂娜·杨就问她为什么不用某仪器，女医生的回答是她这么多年都过来了，而且要是手术过程中停电了怎么办？后来这个年长的女医生因为无法跟上医学技术的发展而“被退休”。

另一个情节是医院里新加入了一名心脏科的主治医生，她来自战场，擅长给受伤的士兵做急救。她虽然医术很精湛，但是因为战地医院医疗设备的限制，她在来到正规的大医院后，有一些仪器不会用。在一场手术中，已经成为住院医生的克里斯蒂娜作为助手当场指导这名主治医生如何用这些新仪器（需要说明的是，主治医生等级高于住院医生）。那名主治医生没有像前面被退休的女医生一样拒绝专业技能上的精进，而是非常谦卑地接受指导，还发表感叹说：“看看，今天谁才是学生！”可见，不论你在一个岗位做到什么水平，专业技能的纵向延展都是不能停止的。

后来克里斯蒂娜也成了一名主治医生，而且是该领域的专家，当她所在的医院满足不了她向更高层级精进的要求时，她选择了离开，去了欧洲一家医疗机构。她在心脏手术中，经常遇到需要换心脏的病人，但是能匹配到合适心脏的病人少之又少，很多病人都是因为等不到合适的心脏就死亡了，而她去的那家欧洲的医疗机构就在研究如何通过3D（三维）打印技术打印出一颗鲜活的心脏。这是多么前沿的科技，而且是跨学科的医疗手段，克里斯蒂娜在那里可以得到更深的专业技能精进。

关于专业技能的横向延展，大家熟知的《杜拉拉升职记》就涉及了很多。杜拉拉的起点是市场部的助理，相当于勤杂人员，但是她在这个岗位的时候就开始学习行政方面的技能，并通过内部竞聘成了行政部助理，接着又在上司玫瑰离职后担任行政部主管，因为具备人事相关技能而又升职为人事行政经理。她的横向发展并没有停止，后来又去自学宽带薪酬、任职方面的知识，最终成了人力资源部的总监。

我们可以很明确地看到，杜拉拉的每一次升职都是基于她提前储备了更高一级岗位所需要的专业知识和技能。

专业技能横向延展已经不是什么新鲜事了，很多岗位招聘都已经有了相关要求，以研发领域为例，有一个说法叫作“全栈工程师”。大部分情况下研发可以粗略地分为前端、后台、客户端、架构等岗位，而一个全栈工程师就是一个人独立利用各种不同的技术完成完整的产品开发。很显然，这对于一名工程师的要求非常高，必须要对专业技能做横向延展才能做到。

我所熟悉的软件设计行业也是如此，有个跟研发领域类似的说法叫作“全栈用户体验设计师”。软件设计属于用户体验设计，细分的岗位有交互设计、视觉设计、用户研究等，每一个都可以纵向延展、不断精进，但是现在有一个趋势，就是这些细分的岗位已经开始相互融合、横向延展，因为只有同时具备三个岗位的技能才能更好地打造产品的用户体验。而“全栈用户体验设计师”不止步于此，还要向前延展到产品规划和需求方向，向后延展到产品的前端界面开发、测试、运营等环节。

我曾经很喜欢看一个综艺节目，名字叫《暖暖的新家》，它讲的是关于住宅装修的故事。每一期节目都会有一个家庭住所需要改造，要么是面积小、人口多，要么是房子年久失修、不适合居住，要么是家庭成员有特殊的诉求。每一期都会有一个家装设计师跟需要改造的家庭同吃同住24个小时，亲身感受在里面生活的种种不便，然后通过房屋改造和装修来改善居住环境。我们平时可能以为家装设计师的工作无非就是给屋子量量尺寸，出出设计图，指导施工，再进行软装。他们的专业技能就是懂设计，了解各种材料和房屋结构等。而事实上，优秀的设计师不仅了解建筑和家装，有的还熟知心理学，懂得把心理学的内容融入到家装设计中，让居住者得到合适的心理暗示，有的钻研最前沿的智能设备，采用合适的设备去解决用户的特殊需求，还有的是收纳达人、空间规划高手、手工制作师、画家、园艺师等等。很显然，这些就是专业技能的横向延展。

现在很多公司都要求应届毕业生进行轮岗，即在不同的部门和岗位上各工作一段时间，一方面是让他们了解不同部门和岗位的工作方式，积累原始的人际关系，另一方面是让他们选择合适的纵向发展的岗位以及将来横向发展的可能。有些公司要培养一名高潜人才，或者是提拔一名重要的高层管理人员，也可能会采取一定周期的多领域轮岗的锻炼方式，以此判断被发展的对象是否符合更高一级岗位技能的要求。

其实细心观察身边的同事、朋友，就不难发现，在职场中升迁快的大多是在专业技能延展上有突出表现的人。而有的人貌似勤勤恳恳，踏实稳定，是部门里的老黄牛，但就是没有机会向更高一级迈进，主要原因就是缺乏专业技能的延展。专业技能的延展没有止境，我们不能止步于当下工作的需要，要不断学习：一方面要持续纵向发展，不断精进，成为专家；另一方面要横向发展，为谋求更高一级的职位做准备。

能说会写，打造输入输出正循环

平时我们一提到工作中应该掌握什么技能，大多数指导意见都是要大家学会各种输入型的技能，比如快速学习的能力、时间管理的能力、提升工作效率的能力等，但是往往忽视了工作中的输出技能。输入通常表示你能拥有多少，输出则表示你能展示多少。如果只有输入而没有输出，只有两种可能：一种是你并没有真正地拥有，一种是你不懂得如何展示。这就像武侠小说中学习各种功夫，如果仅仅是学，却不能把所学用于惩恶扬善，那么就是空有一身本领，而不可能成为大侠。

职场中最重要的两项输出技能就是演讲和写作，可能有人会说：演讲是领导或某些特定岗位的事，我做好自己的事不就行了？我一个学理工科的，以前连考试作文都写不好，更别说写作了。这实际上是对职场中演讲和写作的一种误解。

职场中的演讲并不是指要像乔布斯开苹果发布会一样，面对成百上千的记者，对着镜头向全世界做直播，也不是像一些公司大佬在行业交流会中发表演说。这些演讲常常是在相对高端的场合，对于演讲者本人的个人地位、现场表现力、人气等都有很高的要求，普通的工作者很少有这样的机会。但是日常工作中仍然有许多需要演讲的场合，如果表现得好，就能树立起自己的威信，让同事更加信任自己。

最常见的演讲就是开会做主讲人，常常会涉及我们常说的presentation（展示，陈述），这就不只是讲，还需要准备相关材料、做PPT等。因为会议内容的局限性，讲的内容不一定都是大家感兴趣的，主讲人也不见得能声情并茂，但是至少应该保证大家能听懂，保证内容可以 有效传递自己的观点。

平时开会并不要求主讲人非常有感染力、口才多么好，但是至少不能结结巴巴，在交流的时候不知所措，或者不能很好地控制时间等，尤其是在小范围会议场合。虽然对于很多人来说，当众讲话会本能地紧张，可是一般工作场合的会议不至于像新闻发布会那样盛大严肃，只要做好准备的充分，通常都能应对自如。如果你连公司里的一个小会都开不好，主管怎么放心让你去跟重要的客户开会呢？

除了开会做主讲人，平时工作中还经常会遇到给他人做培训、分享经验的情况，也是很难得的演讲机会。与开会不同的是，与会者大部分是感兴趣、主动来参加的，心态比较积极，对主讲人的接受度也会更高一些。在这种情况下，主讲人做好演讲的关键是在进行准备工作时就做好设计，尽可能让听众对内容本身就感兴趣，如果再加上适当的彩排和一些互动环节，效果会更好。

很多人一提到演讲，首先就会觉得自己口才不好，不适合演讲，其实做好职场中的演讲并不难，没有那么高的要求，主要还是要克服自己的心理障碍。分享一些小技巧。有的人不知道手往哪里放，这时手上的PPT翻页笔就是很好的寄托，或者可以把两只手的指尖顶着放在腹部的位置，都能有效缓解紧张情绪。很多人在公开演讲时会不自觉地讲一些口头禅，比如“然后”“这个”，自己一般是很难意识到的，建议在演练的时候录下音频，过后听一遍，就很容易发现了。当然，这不是什么严重的问题，能避免的话就避免，不要刻意去想，否则会让自己更紧张。演讲时的停顿也非常重要，过短的停顿会导致语速过快，给人造成压力，过长的停顿则会使讲话显得拖拉，让人感觉不耐烦，甚至昏昏欲睡，这一点也可以通过提前彩排演练来控制。

现在开会和培训已经不局限于线下了，也有很多线上的音频或视频会议和培训。音频对语速的要求更严格，因为听众不一定是在安静的环境中，还可能是在行走或运动中，如果讲得太快，对方就可能听不清。有些培训不是直播，而是事先录制好再播放，这种方式会更难一些，因为大家对录制品要求更高，无论是在流畅性还是完整性上，没有人会想听一场结结巴巴的培训。这个时候就要尽可能做好排练，流利、准确地讲清楚自己要表达的内容。

写作是另一种形式的输出，它跟演讲不同的是，在输出的过程中，你不会受到在公开场合展示自己的那种压力，有相对充裕的时间来准备。职场中的写作不是写作文，也不是指公关、文案等文字岗位上的专业写作。一封邮件、一个案例总结、一份工作心得技巧，或是一篇经验分享的文章，都属于这个范畴。

这类写作并不要求像作家那样妙笔生花，能够有条理地阐述自己的观点，相对简洁地表达出自己所想的内容即可。虽然良好的文笔会锦上添花，但是文笔欠佳不会造成工作场合中写作的障碍，就如同口才不好不是工作场合中演讲的障碍一样。条分缕析地讲清楚一二三四点，比优美的修辞手法更重要。

现在很多专业的自媒体都在不同的平台上发表自己的观点，包括行业趋势、专业技能、职场心得等，这些都是工作上的输出，只不过输出的对象已经从公司内部延伸到了公司外部。能够持续进行这种输出也可以很好地帮助自己建立影响力，甚至获得更好的工作机会。

我们不难发现，各个领域里不少所谓的职场精英都有很强大的输出技能，要么是到处参加业界的分享会，要么是在公开平台发表文章、做培训、出书等。在这个移动互联网发达的时代，只在公司里闷头工作，很难被更多的人发现。我认识的一些人事主管、猎头等都是主动到一些专业论坛去挖掘意见领袖。当你求职的时候，如果你有自己的专业出版物、自媒体，能让人看到你有大量的输出，那就意味着你有大量的输入和独立思考的能力，自然会让招聘企业更加青睐。

工作场合中的演讲和写作并非是刻意表现自己以引起他人的注意，而是真正去表达自己想表达的观点，通过这样的方式，倒逼自己输入和消化，从而形成一个正向循环。因为当你勇于去做输出的时候，就会在意自己的输出对他人的影响，也就会更加关注自己的输入，慢慢建立起自己在内部和外部的影响力。所以，不要再给自己找口才不行、文笔不行这样的借口，做输出就要脱离自己的舒适区，勇于挑战才会获得进步。

“双修”让可能性多一倍

央视《百家讲坛》栏目中有一个叫蒙曼的老师，我很喜欢。她是中央民族大学历史系的副教授，在《百家讲坛》中讲了很多唐朝的历史人物，比如武则天、太平公主、杨贵妃等。听蒙曼老师讲这些历史，简直比看电视剧还有趣，因为她不是单纯地介绍这些人物故事，而是把人物关系、历史事件、正史、野史等相关信息都串联起来，向大家还原了一个个真实丰满的历史人物。

我想讲一讲蒙曼老师在讲述《女皇武则天》时提到的一个小人物所带给我的职场启发。这个小人物甚至都没有留下名字，我们只知道她是武则天之女太平公主的奶妈。

故事讲的是武则天第一个男宠冯小宝（后被武则天赐名薛怀义）因为恃宠而骄、张扬跋扈，渐渐引起了武则天的不满，于是武则天开始疏远他。冯小宝不知天高地厚，竟然一气之下烧毁了武则天要求他督建的明堂。明堂是武则天得天命的标志，是她号令天下的场所，冯小宝此举直接触犯了皇帝的权威，武则天下决心要除去他。

因为冯小宝身份特殊，武则天显然不能像对待一个朝廷钦犯那样直接问斩，公开处死必然有损自己的颜面，所以只能秘密处决。这件事涉及皇室隐私，因此也不宜找外人，武则天就把这个任务交给了自己最贴心的女儿太平公主。太平公主身份尊贵，自然不可能亲自出手杀掉母后的男宠，于是又把这个任务交给了自己的奶妈。

奶妈是太平公主十分信任的人，她很好地处理了这件事，秘密地杀死了冯小宝。这段故事蒙曼老师只是一言带过，并没有细说，甚至没有说奶妈姓甚名谁。但是网友发的弹幕就热闹多了，大家纷纷赞叹这位奶妈的多才和强大，有的网友还说：论一个奶妈“双修”的重要性。所谓的“双修”，原是指网络游戏中让角色修炼两种不同的技能，以适应不同的战斗场合，而太平公主的这位“双修”奶妈则是指她既能喂奶，又能办好棘手的事情。

一位不甘心只做喂奶工作的奶妈，在工作之余练就了一身武艺，不仅对上司有养育之恩，还能在关键时刻帮助上司处理难题，这是多么让人钦佩的职场励志故事！我们不用去追究这位“双修”奶妈究竟是如何一边充满母性地喂养皇室血统，一边心狠手辣地执行暗杀任务，大家至少应该明白，多拥有一种技能的重要性。奶妈也可以成为一名出色的“斜杠青年”。

这让我想起了一个笑话：一个老鼠妈妈带着一群小老鼠出来觅食，结果不远处传来猫的叫声，小老鼠们瑟瑟发抖，不知如何是好，结果老鼠妈妈学了几声狗叫就吓走了猫，转身对小老鼠们说：“看，学好一门外语是多么重要！”

会武功的奶妈也好，会狗叫的老鼠妈妈也罢，他们的共同特征就是非常清楚“双修”的重要性。我曾经写过一篇文章，名字叫《职场中的“两眼论”——如果失去现在的工作，你还能做什么养活自己》，说的也是类似的观点。这个时代的知识更新太快，对人才的要求也越来越高，也许突如其来的一个变动就让你再无用武之地。太平公主的奶妈没有了奶水，还可以去执行任务，而你是否想过，你没有了工作还能做什么？

前不久我们部门新来了一位员工，是一名视觉设计师，面试的时候给我看的设计作品、绘画都很棒，看得出很有自己的想法，更重要的是他大学学的是有点儿冷门的理工科专业，跟艺术八竿子都打不着，他的设计和绘画都是自学的，是出自真心的热爱。而且作为一名非外语系专业的学生，他居然可以说三种外语，这同样依靠他在业余时间的学习。

他刚来部门时对业务不熟悉，但是我看到他每天晚上都独自默默学习到很晚。有的人不一定有多么聪明，努力学习是他们的一种习惯。很多人起点高，资质好，但人生是一场长跑，如果没有持续的努力，你很可能会在不知不觉中被你曾经瞧不起的人超过。

与之对应的是另外一名员工，他的设计能力不错，游戏也打得很好，但是工作比较被动，没看到他在职业发展上有多大的投入。他一边埋怨工作环境，埋怨公司没有发展空间，一边又没有采取积极的行动，偶尔还散播负能量。所以当他提出离职的时候，我没有做任何挽留，因为我差不多能想象得出他以后的发展，很可能就是在差不多的岗位上换来换去，始终没有什么实质性的发展。

我在上一家公司的时候，因为有不少对外的合作项目，经常要跟外国人接触，我也有不少业务能力强的同事，但是他们因为外语能力不行，无法承担这样的工作，一遇到跟外国人开会就没辙了。既不能跟外国人交流项目，也不能海外出差，甚至连基本的英文邮件、文档都应付不了，不知不觉就失去了非常多的机会，所以很多人工作了多年还是老样子。其实如果有心，下点儿功夫修炼一下自己的英语，说不定职场发展就会更好。

你要知道，当你每天上班应付工作，得过且过，下班后开心地看着美剧，刷着手机，玩着游戏的时候，别人已经在主技能不断精进的同时开始修炼辅助技能了；当你在公开场合话都讲不利索时，别人已经可以用外语流利地演讲了；当你连一封正式的邮件都写不好时，别人已经可以在自媒体平台发表自己的专业文章了。

这是一个个体崛起的时代，所有行业的知识不说触手可及，也起码能通过各种途径找到需要的内容，你如果真心想学习什么知识，想修炼什么技能的话，肯定不至于无从下手。但如果没有这份心，即便在一个资源丰富、机会充足的环境里，你仍然一事无成。

浮躁时代里你的成就不妨“慢”一些

很多人都发现了一个现象，现在影视剧中已经很少有功夫片，一代功夫影星如成龙、李连杰、甄子丹、杨紫琼渐渐老去，行业却后继无人。有人说是因为观众不爱看打来打去的功夫片了，武侠已经没落，所以没有制片方、投资方投拍这样的题材了。但是我觉得影视剧好看与否和题材并没有直接关系，我反倒认为是已经没有优秀的演员、武术指导、导演来拍这样的影视剧了。

在武侠片盛行的时代，有很多真正会武功的影视演员，他们从几岁就开始习武，在影视剧里的打斗都是正经把式，有的演员遇到高难度的动作甚至都不用替身。那个时候也有很多出色的武术指导、导演，他们很懂武术，甚至自己就是习武之人，所以非常懂得如何把一场打斗戏拍好。但是现在呢？虽然一些古装剧里面也有打斗的情节，但基本上都是花拳绣腿，摆摆样子。

究其原因，习武是一种缓慢成就，需要付出大量的汗水、泪水甚至血水，需要长年累月地闻鸡起舞。现在活跃在荧屏上的小鲜肉，大部分都是从小娇生惯养，谁能受得了这样的苦？他们的家人也不会舍得把他们送去学武术，整个社会也没有了这样的风气。影视剧里有武打戏，要么是用替身，要么靠特效和剪辑来糊弄，何来真正的功夫？

所以，功夫片没落的真实原因是当今影视圈的“打星”断档，已经没有人看重武术这种缓慢成就，既然靠脸就能获得天价片酬，何必要受那个罪？实际上社会上这类急功近利的现象比比皆是，没有人再去关注那些缓慢成就。

在《和食双神：最后的约定》这个纪录片中，两个日本料理界的神级人物——寿司之神小野二郎和天妇罗之神早乙女哲哉，他们分别在自己的小店里捏寿司、炸天妇罗已经超过半个世纪，每天都在追求完美，一遍遍把看似无聊的事情做到极致。这在常人看来不可思议，但正是这种缓慢成就才给客户带来了至高无上的美食享受，也铸就了他们常人难以企及的地位。

很多创业者都是打着“匠心”的幌子，实际上却不耐心打磨产品、追求极致、打造技术门槛，只是急着融资上市圈钱，大谈商业模式，甚至买流量、数据造假，殊不知很多项目都是属于缓慢成就，急功近利的思想只能加速自己的失败。

其实很多行业都是缓慢成就，比如唱歌，我们可以看到，各大电视台每年都有很多选秀比赛，也的确有不少人能够在众多选手中脱颖而出，夺得不错的名次，可是之后呢？很多草根选秀冠军没有继续精进自己的技艺，而是忙着商演，最后也只能是昙花一现了。

作为普罗大众的我们也时常会被各种急功近利的标题所吸引，如《××天做到××》《N步成为××》《××天挣到××元》《学会这几样，你也能成为××》《我是如何在××天达到××成就的》，这种通过短平快的方法就能获得巨大收益的理论非常诱人。但是如果说“要获得××需要花十年”“我花了几十年终于成为××”，相信很多人看到标题都懒得去看个究竟。我曾经让那些咨询我写作技巧的人什么都不要想，先写上个一年，但是即便是这样，也很少有人能够做到，他们都想在短时间内出书，成为大V（获得身份认证且拥有众多粉丝的微博用户）。

为什么？因为没有人愿意花这么长的时间，也没有足够的毅力坚持去做同一件事，这样的成就过于缓慢，远没有十天半个月就能达成的捷径让人振奋。但是，你要知道的是，如果你真的能在短时间里复制别人的成就，那么这样的成就一定不值一提，别人同样可以复制你的成就，快速淹没你的优势。

在华为，有句名言叫“板凳要坐十年冷”，意思是说，一个普通基层员工要想有所成就，不经过多年的兢兢业业是不行的。华为的很多高管都是在公司建立初期就加入团队，从程序员、客服、销售做起，经过十几年甚至二十年才做到高管级别。华为就是奉行一种缓慢成就体系，因为这种多年的累积才来得踏实，就算你是天才，也要承受长时间的磨炼。

如同电视剧《我的前半生》里的女主角罗子君一样，她在前半生急着嫁给一个有钱人做富太太，完全忽视了自己在工作能力上的积累，结果遭遇婚变，被迫重新踏入职场，屡屡受挫。剧中有句话说得很好：“生活从来不给我们从容准备的时间，我们都不知道下个路口等待我们的是什么。”如果我们总是急功近利，到了下个路口，只会措手不及。

我们要做的是静下心来，在这个浮躁的社会里找到自己前进的方向，不要被别人的成绩所迷惑，坦然接受所有伟大的成就都来自于日复一日、年复一年的不断付出。前面的章节提到，要对自己的专业技能做横向和纵向的延展，这种延展是永无止境的，我们要相信，所有缓慢的成就才是真正属于你的，你不会轻易获得，别人也不能手到擒来。

乐于折腾，给爱好增加一点儿难度

有一次线下分享活动结束的时候，一名读者问我如何发展自己的特长，当时我还真不知道该如何回答。正是因为没有很好地回答别人，所以这个问题时常会在脑子里蹦出来。

那么一个普通人应该如何发现自己的特长呢？我首先想到的是《最强大脑》这个综艺节目。节目里有各种身怀绝技的参赛选手，表现出了让人叹为观止的特长。比如有的人可以飞速地盲拧魔方，有的人可以不假思索地计算十几位的乘除法，有的人可以在极短的时间内记忆大量信息，有的人可以分毫不差地识别相似度极高的图像或物品，等等。那么这些异于常人的特长究竟是怎么养成的呢？

首先是兴趣，出于兴趣进行大量高强度、科学和系统的训练。这是节目中绝大部分选手的特长养成方式，并非如大家所认为的单纯依靠基因和天赋。比如在记忆领域的佼佼者王峰，他有世界记忆大师的头衔，但他并非天生如此，他在武汉大学读书时因为好奇，加入了记忆协会，在记忆大师袁文魁的指导下，经过系统而又密集的训练，才达到如此傲人的水平。人的记忆能力确实存在差别，有的人天生记忆力强，但是要能显著地领先于他人，不经过训练是不可能的。

拧魔方更是如此，不论是速拧还是盲拧，首先你要对魔方这个东西感兴趣，然后学习其中的技巧，再进行大量的训练、比赛，才有可能把它变成一项特长。否则魔方对于你来说只是一个玩具，闲来无事随便玩玩而已。

其次是出于极其偶然的发现。节目中有个女选手很有意思，她是一家熟食店的老板娘，一个偶然的机会，她发现自己看到任何汉字就能马上计算出笔画，12个以内的汉字，她能一口报出笔画总数。这项本领是这位中年大姐自己无意中发现的，她本人完全没有经过任何训练，对于看字拆笔画这项活动也谈不上任何兴趣。还有的选手可以发出高频率的声音，震碎玻璃酒杯，也是偶然发现的结果。这类特长比较罕见，形成的原因也不明确，所以只能归结于天分上机缘巧合，这些都是非常小概率的事件。

再次是身体某一方面机能受损，导致另一方面异常发达。这就是我们常说的“上帝给你关上了一道门，就会给你打开一扇窗”。在节目中，有名盲人选手具备听音辨速的能力，他可以在30个干扰车喇叭声中选出嘉宾所选车辆，并正确判断出嘉宾所开车速。还有一名女选手，她双眼全盲，但是可以通过向物体吹气来识别出物体名称。

被称为“中国雨人”的周玮，从小就被诊断为脑瘫、顽固性低血糖及智力发育低下，但是他有着惊人的数学天赋。他有语言障碍，几乎不能和他人正常交流，却能靠心算准确答出十多位开根号运算的结果。

以上三种特长的发现形式是我对《最强大脑》选手的总结，其实现实中人的特长大抵也可以归入这三种情况。我做招聘的时候，发现在应聘者简历的特长一栏，经常出现跑步、打羽毛球、绘画、摄影、唱歌等。实际上这些所谓的特长大多只能算作兴趣。能跑马拉松可以算特长，但是日常跑几公里不能算特长；懂得用镜头讲故事，知道如何构图，拍出来堪称作品的摄影是特长，只是拿手机随手拍，用美图秀秀修图的不是特长。

大部分人以为自己的某项才艺比一般人好那么一点儿就是特

长了，这只能说明你在这项才艺上比别人多花了一点儿时间而已，真正的特长要远胜于普通人。从上面总结的三种特长的获得方式来看，后面两种基本上是可遇而不可求的，对于普通人来说没有什么指导意义，只有第一种方法才是打开自己特长的正确方式。

但是我们也要知道，不是每个人都是上帝的宠儿，也不是每个人都有特长藏在那里，等待自己去发现、去打开。你能看到的绝大多数人的特长都是经过长期艰苦训练、科学系统指导才获得的。

兴趣是最好的老师，但是兴趣只是获得特长的开始，只是方向性的指引，并不是结果。前面已经说过，绝大多数人的特长都要经过长期艰苦的训练，如果没有兴趣做支撑，就很难持之以恒。

这大概也解释了有如此之多的父母强迫子女学习某项特长，但是最后没有诞生那么多“天才少年”的现象。父母强迫子女学习的特长，要么是父母自己兴趣所在，要么是跟风随大流，觉得别人家孩子都在学，自己的孩子不学的话会很没面子，但是孩子本身并不感兴趣甚至强烈排斥。在之后的艰苦训练中，他们不是消极应对，就是干脆半途而废。可想而知，最后能修成正果的概率能有多高。

如果现在那名读者再问我如何发展自己的特长，我的回答是首先找到自己的兴趣所在，然后进行长期系统的训练，才有可能把兴趣发展成特长。其实发现兴趣并不难，但是逼自己做刻意练习就没那么容易了。所以，绝大部分人都停留在兴趣上，未等特长练成就放弃了。

工作也是如此，一些有用的专业技能、拓展技能都需要长时间的训练和实践才能掌握，想超越他人，把别人远远甩在身后，并不是一件轻而易举的事情。

为现状焦虑，却又没有能力改变，这是很多当代人的通病。他们害怕落后：一是经济能力上的落后，担心工资多年原地踏步，不能让自己和家人过上更好的生活；二是社会地位上的落后，担心自己的工作不够体面，比不上身边的人，等到同学聚会的时候，成为插不上话、抬不起头的那一个。

这种焦虑会随着时间的推移而加重，并且可能会蔓延到生活的方方面面。所以当你觉察到自己有这种焦虑情绪的时候，不应该被动地等待事态的发展，让自己陷入焦虑的黑洞，而是要想办法减轻焦虑感。

通过观察，我发现有独特爱好的人通常焦虑感比较低。

我有一个前同事，她是一个大龄单身女青年，平常拼命工作，一到周末、小长假等就去外地旅游。她去的不是人满为患的旅游景点，而是那种还没有被开发的地区，跟探险差不多。她经常要负重30公斤以上，因为行囊里有帐篷、锅碗瓢盆等。她所有的收入都花在了这上面。你看不到她有任何焦虑，因为对她来说，别人普遍看重的东西她不感兴趣，而她感兴趣的别人都做不了。

我的老板也是一个有趣的人，有时候从他讲的话中能看得出他对这份事业的期望，想把企业做得更大，我确定他也有某种程度的焦虑情绪。但他是怎么化解的呢？他选择了划赛艇，在他的家里和办公室里都有划船机，老板自己就是赛艇协会的会长，经常去参加比赛，公司也经常组织比赛。也就是说，他把一项减少焦虑的健身活动变成了一项追求成绩的爱好。类似的情况在很多老板那里很常见，比如王石喜欢极限运动，马云喜欢书法，马化腾喜欢德州扑克等。

我自己则是利用业余时间打造了一些副业——写作、教别人理财、学习编剧等。我发现当我做这些事情的时候，我就可以从现实生活中抽离出来，聚焦于一件有意义的事情。以前感到焦虑很大程度上是因为我一直把空闲的时间花在刷手机、看视频、玩游戏上面，一边做着简单轻松的事情，一边又觉得浪费了时间，焦虑情绪于是逐渐攀升。

人不可能一直工作，但是如果把工作之外的时间全部用来放松，没有一点点有质量的爱好的话，那么就会逐渐滋生焦虑情绪。我遇到过不少向我咨询焦虑问题的读者，我发现他们有个共同点，就是工作之余不知道做什么。

“有点儿难度的爱好”既不是那种简简单单不用动脑筋的小兴趣，也不是那种拼尽全力也难以达成的艰巨任务。前面举的几个例子大概可以说明这一点，你可以尝试做一些需要付出一定努力的事情，如果你对这个事情比较感兴趣，当你持续投入时就会不断产生一种累积效应。

那么什么样的爱好才算达到这样的层次呢？举几个简单的例子。在身体素质的提升方面，比如一项体育运动，不是随便玩玩，而是尽量使自己达到一个业余选手的水平，又比如跳舞，不是随便跳跳，而是达到可以上台表演的水准。在脑力、技能的提升方面，比如学外语，做到可以翻译英文资料的程度，或者去学一门冷门一点儿的外语；比如摄影，不是拿手机自拍或者随便拍拍景物，可以尝试用单反去拍有艺术性的照片；比如烹饪，不是简单地做家常菜，可以想办法让自己成为会做复杂菜式的达人。总之，任何能帮助你消除焦虑又比较有意义，同时自己还感兴趣的事情都可以去尝试。记住，不是三分钟热度，而是让自己一有时间就能沉浸到里面。

改变自己从来不是一件简单的事，对抗焦虑也不是一朝一夕就能做到，所以如果你也时常有焦虑感，那么不妨做个新的尝试，先给自己选择一个有点儿难度的爱好，然后一步步尽可能地把它做好。

你可能要问，发掘自己的特长、给自己找一个有点儿难度的爱好对工作提升究竟有什么帮助？这些特长和爱好或许不像前面提到的专业技能对于工作有直接的促进作用，甚至表面上看似乎毫不相干，但是事实并非如此，它们的作用是潜移默化的，可能表现在方方面面。

比如我的同事当中有不少人都喜欢跑马拉松，他们每天早上或者晚间都会去跑步，一有马拉松比赛就去参加，我们的微信跑步封面长期被这些人占据。这好像跟工作关系不大，但是我仔细观察过，这些人非常自律，在工作场合的精神状态都非常好，守时，对于经常性的加班攻关也毫无抵触情绪，总是在团队中散播正能量。我相信这和坚持运动是分不开的，你能说这对工作没有帮助吗？前面提到的爱探险的女同事、爱划赛艇的老板，他们都是通过这些有难度的爱好强健了体魄，提升了精气神儿，这些自然也会让工作受益。

我的同事当中也有热爱跳舞、唱歌的人，他们甚至达到了上台表演的水平，是各种团队活动、晚会的常客。这似乎也跟工作关系不大，但是我发现他们有更好的人缘，更为活跃，在工作场合和他人相处更融洽。他们的精神状态也都非常好，工作投入度更高，你很难想象一个爱唱歌跳舞的人每天垂头丧气。

比如我自己在工作之余写作，最开始也只是当作闲暇时的放松，写的内容跟自己的本职工作并不直接相关，但是通过持续的写作和出书，我认识了很多编辑和出版社，后来部门要出版与工作相关的书籍，就用到了我积累的出版资源。

有的人在摄影、绘画、烹饪、体育方面都有着不错的水平，可能看似跟工作都没有直接的关系，但是如果能改善自己的心情，提升跟家人、同事的关系，这对于工作也会有很大的帮助。

因此，对刚参加工作的职场新人来说，找到一个有点儿难度的爱好和特长对工作是有很大帮助的，它不仅可以帮助你克服工作中产生的焦虑情绪，还可以让你在工作之余得到身体上的锻炼或者精神上的放松，又会反过来提升工作效率，所以这也应该纳入你技能管理的范畴。

人生无捷径，真本事不能靠“代练”

不论是不是爱玩网络游戏，你都可能听过这样一个名词——“人民币玩家”。所谓的“人民币玩家”就是指舍得在一款游戏中花钱购买道具或装备，使自己的角色更加强大的用户。一款收费游戏总会有这样一群人，他们不愿花费时间练级或者做任务，但是又期望自己的角色比别人的更厉害。那么就有两个办法：一是花钱让其他人代练，即让别人去帮自己做那些相对枯燥的升级任务；二是花钱从其他用户或者游戏官方那里购买强大的装备。

这些人民币玩家在游戏中的乐趣并不是耗费大量的时间做慢慢升级这种低价值的事情，他们愿意投入更多的钱财，从而在短时间内就获得游戏世界中的荣誉和地位，于是选择了花钱买时间。所以一款游戏，对于游戏提供商来说，这些“人民币玩家”就是他们的主要目标，因为他们舍得花钱，可以为其带来持续的收入。我记得网上流传过这样一个段子：一个游戏提供商说其实免费玩家也是他们提供给付费玩家的服务之一。

在游戏的世界里，你愿意花钱就能比别人花更少的时间和精力获得更高的成就和能力，你可以雇别人，可以买买买，然后轻松战胜其他玩家。这其实是一种捷径，至少在很多游戏中是行得通的。

还有一个很火的词叫“知识付费”。罗振宇创建的“得到”App上汇聚了一批提供知识服务的大咖，想听他们的分享和经验，那就付199元，接下来的一年时间里你每天都能听到一点点碎片化的知识。现在很多其他平台也有类似的知识付费栏目，其中“有价值”的内容都要付费才能获得。因为知识付费的兴起，诞生了很多大大小小的知识服务者，他们来自各行各业，不断地向你介绍自己的知识和经验，吸引你付费。

这里我们可以看到一个有意思的现象，那就是有人愿意花钱在虚拟的游戏世界里购买装备提升自己，也有人愿意花钱在现实生活中购买知识提升自己。正如前面所说，在很多游戏中花钱来提升自己的虚拟角色是一条捷径，甚至这些游戏本身就是这样设计的，就是想方设法让你掏钱，才会快速地帮你“进化”。但是知识付费真的也能达到这样的效果吗？你每天花几毛钱，获得了一些所谓的行家经验，日积月累之后你就得到了提升，成为大咖了吗？

“得到”的付费订阅专栏中有很多名人、教授、精英，他们的课程平均都有超过10万人订阅，有的专栏已经开设了一年左右，还有可能会继续开下去。就以李笑来为例，他是财富自由了，也讲了快一年的成功经验，但是我还真不信订阅他专栏的16万多人中将来能再诞生一个李笑来，甚至是否能有人真正达到财富自由，我都表示怀疑。有中国最贵商业顾问之称的刘润，你不会以为每天给他几毛钱，听几分钟的小段子，自己就真能成为CEO（首席执行官）吧？你也不会认为每天听万维纲的精英日课就真的能跟全球精英大脑同步了吧？你每天跟着古典老师学习超级个体，不会真的幻想着自己有天能个体崛起了吧？

还有专门为你读书的知识服务者，他们收取会费，然后每天为你读本书。所谓的读书就是他们自己读完一本书，再把重要的内容讲给你听，或者用更简单的语言表达出来。这和什么很像？是不是跟游戏里“人民币玩家”付费找人代练升级一样？可是游戏里的代练的确是把得到的能力给了你的角色，你能看到角色并逐渐强大，但是让别人替你读书，现实中的你真的得到提升，变得强大吗？有朝一日你真的可以变成那个为你读书的人吗?

知识付费很容易给人一种错觉，就是那些知识服务者提供的知识是稀缺资源，就像是游戏里的高级装备，你想要获得就要付费，一旦付费了，这些知识就能被装进脑子中，你还会觉得每天只要花很少的钱就能获得无价的知识，从而超越那些舍不得花钱的人。

需要说明的是，所谓的知识服务者并不能说是骗子，我相信他们都有真才实学，在自己的领域里有着过人的本领，有资格传道授业解惑，即使收费也完全合情合理。只是，为了获得他们的经验而付费的你们，首先要端正心态，知识并不是游戏里的装备，花钱买了就能穿到身上。绝不是你付费了，收听了，就真正掌握知识了。知识服务者只能给你提供一个获得知识的途径，但是，你最终能否掌握这类知识并在今后运用它们，那是另外一码事。

这些知识服务者自己本身有着大量的输入，或者有很多年的经验，就像罗永浩教你创业，那也是来自他自己长时间的实践经验和踩过的“坑”。就算是给你读一本书，他们也是仔细看了整本书，经过消化思考、提炼整理，再把所谓的精华呈现给你。你觉得经过别人的过滤得到的是精华，节省了自己的时间，实际上获得的是二手知识。你的确是花钱买了时间，但是压根没有经过自己大脑的输入、输出过程，换言之，就是你没有经历一个真正的学习环节。

讽刺的是，这些给你读书的人才是真正学习的人，他们不断地输入、总结，再输出，不断学习成长，还不断掏走你的钱，而你却永远不可能追上他们。

我曾经跟一个知识服务者交流，他说他是一个拆书的专家，拆书就是把书中难懂的部分变成容易懂的内容传授给他人。拆书专家还会培训别人，很像是教人更快更有效率地阅读。我认为这个工作倒是很有意义，但是当他问我要不要学习的时候，我的回答是不感兴趣。

首先，我并不是对阅读不感兴趣，我相信这世界上有各种各样高效的读书方法，我不感兴趣的是花费大量精力学习阅读方法，然后再把方法教给别人这件事。

我觉得学习是一个克服惰性、刻意训练的过程，换言之，学习的过程肯定不是快乐轻松的，甚至是痛苦的。这就如同你享受美剧的精彩、抱着放松的态度听英文歌曲，还期望自己的英语能力大幅提升一样，几乎是不可能的。

学习任何知识都有对应的方法，但是如果仅有学习方法，而没有实际深入地学习，可能也没什么作用。你学背单词的方法、听力口语的技巧、阅读写作的捷径，但就是不克服惰性去背单词、去写、去说，无论什么方法都不会提升你的外语水平。

很多人期望听某“大牛”的一次演讲、参加半天的工作坊就能让自己得到提升，我觉得可能性非常小。你是加入了“大牛”的社群，跟着他的节奏学习，一节课都没有落下，每次作业都很认真。可是课程结束了，你还是你。

有一次，我们的人事经理收集大家对今年的培训需求，希望通过邀请内部、外部的专家给大家做一些培训，提升员工的技能。如果我是一个刚参加工作的职场新人，可能会对专家培训满怀期待，但是工作了十几年以后，我已经完全没有了这样的想法。恕我直言，我真没看到哪个程序员是因为听了某个人的分享就变成了编程高手，我也没有见过哪个设计师是因为一天到晚参加培训就拿到了红点奖（国际知名的创意设计大奖），我更没见过哪个作家是因为参加一个座谈会就写出惊世之作。

当你每天订阅着碎片化的知识，跟随着“大牛”们的足迹，一目十行地学着所谓的方法论，你就真的进步了吗？其实，你的学习能力在近20年的学校教育里已经被培养过了，你现在要做的就是不断地实践和深度学习新的内容。一般来说，学习方法比实践简单很多，于是我们通常都会走进一个误区，那就是觉得学习了方法就等于掌握了知识本身。这就如同你看了很多指导如何健身的文章和视频，但是自己却不想挥汗如雨一样，最终的结果是，你还是一身肥肉。

你要做的不是一场不落地参加这个人的分享、那个人的培训，不是如饥似渴地订阅这个公众号、收听那个音频节目，而是应该多给自己一点儿时间，深入思考并付诸实际行动。正在进行的项目、未完成的代码、出现的问题就是你获得提升的最好机会；你手头源源不断的工作、桌子上味同嚼蜡的教材、不认识的单词，就是你要攻克的难关。只有克服了自己的惰性，专注练习，你才会离自己的目标更近一步。如果你总是期望获得别人的经验，学习所谓的技巧，却敷衍自己的工作，那么也许一辈子都很难有实际的提升。

前面章节提到的专业技能延展、职场辅助技能、缓慢成就、发掘特长爱好等等，无一例外都需要长时间、有深度地投入，付出比别人多的精力去学习和训练，不可能每天花几分钟时间就能在舒适区里获得。

所以，醒醒吧！学习从来都是自己跟自己对抗，根本没有所谓的捷径。你以为看过的内容印在了脑海里，实际上是过目就忘；你以为听过的内容就真正掌握了，其实是左耳进右耳出。游戏里你能花钱买到好装备，但是现实中你无法花钱买到真正的知识。别再相信什么21天训练营了，别再早起听100天晨读了，也别幻想着每天花五毛钱，一年后就脱胎换骨了。学习的路上不会有代练，花钱走捷径根本行不通，你没有战胜自己的决心，就会永远落后。

第四章

决定跳槽：人往高处走

跳槽是为了寻求更好的发展机遇。不过，频繁而盲目的跳槽百害而无一益，这不仅是缺少职业规划的表现，还会让自己错过很多升迁的机会。

你要找出正确选项而不是完美答案

很多人会羡慕那些自由职业者，他们不用朝九晚五，无须处理复杂的职场关系，有着不错的收入，可以做自己想做的事情，过自己想要的生活。我时常在想，这些自由职业者真的像我们想象的那样轻松无压力吗？

从本质上来说，大家羡慕的无非是所谓"钱多事少离家近"的生活状态。但是工作了十多年，遇到过形形色色的职场人，我可以说这真的只是一种美好的愿望。很多人无法去做自由职业，就期望通过频繁跳槽找到一份完美的工作，这其实也只是一个小概率事件。

以我自己为例，我对工作场所有一定的要求，就是不要离住处太远，因为我无法忍受每天耗费两个小时在上下班的途中。我只能说自己比较幸运，刚参加工作时虽然工资不高，但是住在公司附近的农民房，后来攒够了钱，买了一个小公寓，离公司也不远，再后来，上一家公司搬到了偏远的郊区，我便跳槽到了现在这家同样离住处近的公司。

公司离家近的确让我省下不少时间，在上一家和现在这家公司的收入也算不错，但是就真的轻松了吗？一点儿也不。我曾经晚上打完羽毛球，大汗淋漓地刚进家门，还来不及换鞋就被领导一个电话叫回公司处理邮件；周末早上还睡眼惺忪，我就被领导一个微信叫去公司，帮他整理第二天要用的材料；节假日计划旅行，还没收拾好行囊，我就被叫去公司帮其他同事处理工作上的事情。这些统统是因为我住得离公司近。

我在上一家公司有个同事，有着很好的教育背景，拥有国外名校的双硕士学位，父亲还是一名官员。刚到部门的时候总能感觉到他时不时地散发着一种优越感。他也很爱写作，还把自己的留学经历写成了书。他很想在公司有一番作为，但似乎总是事与愿违，一直不温不火。

结果，他没多久就离职去了一个三线城市，那里有家公司给了他更高的职位和待遇。在去之前他还请我吃了饭，透露出种种对未来的憧憬。职位的提升让他觉得自己有了用武之地，可以大展宏图，待遇的提升让他觉得买一处海景房也不在话下，加上三线城市节奏慢，压力小，生活质量会有极大提升。

可是没过两年他却跟我说又想回深圳了。他还把自己的这段经历写成了纪实小说，让我当首批内测读者。从文章中可以看出，他到了那座满是希望的城市，进入了满是机会的公司，结果却并不是自己曾经期待的那样。公司里有各种办公室政治、职场斗争、权力倾轧，他觉得自己不过是一杆被利用的枪。生活也没有想象中的轻松，房价仍是高得难以承受。

在上一家公司中还有一个同事，他当时是我的下属，刚进部门的时候，我是他的导师。他的教育背景差了一些，只是一个不知名的专科，所以他只能跟集团的子公司签劳动合同，工资要比其他人低很多。但是这名同事上进好学，人缘也好，我甚至觉得他的能力并不比一些硕士研究生差。

在他还是我下属的时候，我就想尽办法把他调到总部，但是由于公司的很多限制条件，最终没有成功。有一段时间他特别失落，因为像他这样跟子公司签劳动合同的人总会被人认为差了一截，工资也较低，在一线城市生活很不容易。后来他想离职，说要换个环境，我十分理解他的处境，而且很欣赏他的能力和为人，所以就想办法把他调去了另外一个城市的外研所。在那里他能以出差的形式长住酒店，可以省下每月的房租、水电费，每天又有出差补助，再加上二线城市生活成本比一线城市低不少，这样至少生活上没什么问题。

我让他在那边先适应一下，我知道他还是舍不得我们公司，毕竟是一个不错的平台。这样既可以让他不离开公司，又达到了换个环境的目的，同时我还继续想办法帮他申请转到总部。他在那个城市待了一年多后，还是跟我申请回了深圳，理由是实在吃不惯那里的食物。于是我又把他调回了深圳。不久，我自己被调到了另外一个部门。我因为没有能帮他转到总部，心里觉得有些亏欠。所以特别嘱咐他后来的主管，多给他一些机会。

最终他还是离职了，先后换了两家公司，后一家公司是个创业公司。但是公司后来要转型，让他负责一些他不擅长的事情，于是他又辞职了。这一次他打算回广西老家，走之前请我吃饭，我一直挽留，让他再考虑考虑，回去发展的机会真的很有限。但是他去意已决，我能感觉到他的无奈和疲惫。他说他年龄大了，希望回到离家近一点的地方，他家还有些家族产业可以做，可以过轻松一点儿的日子。

从此之后他开启“钱多轻松离家近”的工作模式了吗？并不是，他口中所谓的家族产业其实是房产中介，以我对他的了解，他根本不适合这样的工作。后来我换了工作，成了部门领导，有了很大的自主用人权，那时也需要像他这样经验丰富的员工，就问他要不要回深圳，他欣然答应了。现在他是我的得力助手，或许工作也没有多么轻松，但是有了对比他才明白，这个世上本来就没有什么完美的工作，只是不同的选择罢了。

最近一个刚刚换了工作的朋友跟我说他压力很大，很怕自己过不了试用期。因为换了行业，新公司里也没有人能指点他，他就自己看许多相关书籍，晚上参加微信线上培训，周末参加各种沙龙讲座，期望能尽快提升自己。

他上一个工作地点离家很远，每天早上要早早起床去赶地铁。工作其实比较清闲，但都是机械重复、没有技术含量的事情，工资也不高。他觉得没意思，就换了一个自认为感兴趣的行业。新的工作工资比以前高出不少，离住处也近了很多，看似一切都按照他期望的那样发展。

但是，实际情况是，这份工作经常需要加班，不只是周末，工作日晚上在家也要处理工作，新同事和老板通过微信语音不断地下各种指示。高频度的加班让他慢慢失去了对新工作的向往和冲劲。

其实我并不担心他过不了试用期，毕竟他那么努力，我都能看得出来，他的主管自然也能看得出来。他需要做的就是调整自己的心态，换行业是自己的选择，很多困难在做这个选择之前就已经存在了，能够获得一个机会，再苦再累也得走下去。

我们都有选择工作的权利，遇到好的机会自然要勇敢抓住，但是关于跳槽，有一点需要注意，那就是千万不要太频繁，一般来说，一年左右换一次工作就是比较频繁的了。跳槽频繁导致的结果是：一方面在每个公司的积累都有限，一方面这样的经历在简历上是个硬伤。很多公司在招聘的时候都明确不要跳槽频繁、稳定性差的求职者。如果你跳槽太频繁，在求职的时候甚至连简历筛选都通不过。我也经常收到跳槽频繁的简历，有的甚至几个月就换一次工作，除非真的是某些方面特别优秀，这样的简历基本上会被我淘汰掉。以我当前所在的公司为例，公司明文规定，如果求职者每一份工作经验都不超过两年，就属于不稳定人员，在简历筛选阶段就要淘汰。

还是那句话，没有什么工作是“钱多事少离家近”的，并不是不能跳槽，不过如果你每次跳槽在职位、待遇上都没有明显的提升，那只有两种情况：一是你极不稳定，能力也有欠缺；二是这么多企业都觉得你不合适。无论哪种情况，你给招聘方的印象都是不好的。在参加工作初期，工资一般不会特别高，跳来跳去也涨不了多少，所以你不要总想着找一个完美的工作，你可以先把当前的工作做好，让人觉得稳定，这样对你找下一份工作更有利。

对于骑驴找马式的跳槽者，多半是自己还不够自信，或者自己的能力还不足以找到更好的工作，只是抱着试试看的态度。既想找更好的工作，又不敢放弃现有的工作，于是悄悄地投简历、去面试，又怕被上司发现，新的工作还没找到，现在的工作又受到影响。所以，这一定不是最好的解决办法，还不如好好想想，怎么在现有的岗位上做出成绩，提升自己的竞争力。当你的竞争力上去了，说不定反而不想再找新的工作，因为现有的工作就会给你更多的回报。如果你还是想找新的工作，这时你的能力也提升了，说不定不用偷偷摸摸地去找新工作，新工作就会自己找上门来了。

身负重任才能“跳”得又高又远

我之前在知乎上看过一篇文章，问题是“月入十万，难吗？”，作者表达了这样一个观点：如果你只是一个打工的，并没有承担公司经营的风险，那么即便你创造的价值远远超过你的收入，也是相对公平的。换句话说，你得到的并不仅仅取决于体力和脑力的付出，还要看你在这个工作中承担的责任与风险，这个道理跟理财投资是相通的。

假如把本金看成你的付出，年化收益率是你可能得到的收益比例，那么你的本金越大，最终可获得的收入也越大，但相应的风险也会随之而来。如果是银行的定期存款，年化收益率非常低，但是风险极小，除非出现银行倒闭这种概率极小的事件，否则你将毫无疑问地可以在存款到期后拿到应得的利息收入。如果是投资股票，年化收益率或许非常高，但是伴随的风险也极大，你有获得高额投资回报的可能，也有本金损失得所剩无几的可能。

假设你有10万元本金，如果采取银行5年定存的方式，按照现在3%左右的存款利率，5年之后你最多只能得到1.5万的利息收入。但是假如你将这10万元用于投资股票，而且能选中一只不断升值的股票，那么10万元在5年之后或许可以达到100万元，但是如果选的是一只“跌跌不休”的股票，那么5年之后你可能就只剩下1万元了。

在职场中也是类似的，你是一名打工者，做好自己的工作，每个月获得工资，做得不开心了、公司出现危机了就跳槽。甚至还在A公司工作的时候就去应聘B公司的职位，B公司一发offer，立马辞去A公司的工作。到B公司也是一样，如此循环往复，那么从A公司或是B公司的角度来看，你承担了什么风险?

有的人会觉得自己受到了不公平的待遇，比如在工作上付出了很多心血，为公司创造了很大的价值，也带来了可观的收益，但是为什么自己的收入跟自己创造的价值不匹配呢？其实只要是正规的公司，你的薪资属于市场行情范围内，公司也没有拖欠薪酬，那么你的收入跟你创造的价值是相匹配的。这样说或许很多人会不赞同，但是如果仔细分析一下，不难看出，公司的所有者几乎承担了经营上的全部风险，如果公司经营不善，亏损了，倒闭了，打工者可以拍拍屁股走人，另寻高就，甚至可以得到补偿，但是公司的所有者不仅从此一贫如洗，甚至会惹上官司。试问，作为一个打工者，你可曾承担了这样的风险？

这或许会对那些跳槽频繁的人有一些启发，虽然每次跳槽可能会有待遇、职位上的提升，但是只要你是一个打工者，即便是职业经理人、公司高管，你所处的位置在某种意义上都是一样的，那就是你付出体力和脑力换取工资。即便你认为自己有多么大的责任心，与公司共存亡，但是你终究没有真正承担公司经营的风险。这样一来，即使你的收入节节攀升，你得到的仍然是比较小的比例。

你在工作上投入的脑力、体力以及你自身的知识技能、工作经验就是你的本金，但是你是一名打工者还是一名公司所有者决定了你的收益率。作为打工者，你所承担的风险小，因而收益率不会很高，如同银行定期存款一样，想要获得更高的收入只能靠投入更多的本金。这就意味着你需要投入更多的脑力和体力，不断提升自己各方面的技能，同时不断积累工作经验，这些本金上去了，为公司创造的价值更多了，收入自然也会跟着提高。

很多人会羡慕那些创业成功的人，他们当中有人的确获得了可观的收益，但是他们也可能是all in（全押）的投入，并且承担了比打工者高出很多倍的风险。正是因为存在如此大的风险，创业成功的人只是极少数，未取得成功的人是大多数，而他们的损失也会比那些朝九晚五的打工者更为惨烈。

自由职业者也是类似，可以理解为一种“轻”创业。而自由本身就是一种收益，也是一种风险，选择承担这个风险可能会得到自由这种无法用金钱衡量的收益，但是也可能会给自己或家庭造成入不敷出的窘境。

前面说过，没有什么工作是“钱多事少离家近”的。你选择承担很小的风险，那么就去打工，只要你付出体力和脑力就能获得稳定的收入，想要获得更高的收入，那就投入更多的体力和脑力以及时间；你期望有更自由的时间，做自己喜欢的事情，那就去当自由职业者，或许你能做得好，收益可观，但是也要承担收入微薄甚至居无定所的风险；如果你选择承担更大的风险，期望获得更大的收益，那么就去创业，可能功成名就，富甲一方，也有极大可能血本无归、一败涂地。

如果你承担不了创业失败的风险，也自认为不是创业型性格，只是想通过换工作提升自己，那就要保证自己每一次换工作都能达到更高的职位，承担更多的责任，只有责任大了，才会有真正的变化。

忍无可忍时，你就应该潇洒转身

虽然我不赞成频繁跳槽，但是现如今的社会不让人跳槽，一辈子忠于一家企业几乎是不可能的。有些情况下可以考虑换工作，否则可能对自己和对公司都不利。但是换工作是一个综合考虑、慎重评估的结果，不能草率做决定。按照具体情况可以分为以下五种。

情况一：当前薪酬远低于行业平均薪酬，并且可预见的上涨空间有限。虽然相同的岗位在不同的公司里薪酬的差别会比较大，但是整体总有一个薪酬区间，结合自己的工作经验、专业能力、学历背景、工作投入程度等，也会有一个较为合理的标准值，偏离这个标准值太多，那么可能是你的价值并没有得到认可。这里需要注意的是，不要只看起薪，也要看上涨空间。有的公司可能起薪低一点，但是每年有两次调薪，还有其他的奖金和福利，这就比起薪高但是涨薪频率低、涨薪比例小的公司更有优势。同时还要考虑是不是有股票、福利房、免息贷款，甚至出国、业界交流这些非工资待遇。

我们一般都是以月薪为参考，现在年薪制也比较流行，但是我个人更倾向于用时薪去看待你的收入水平。有的公司看似工资高，但是经常要加班到很晚，甚至周末都要无偿加班，而有的公司虽然看似工资低，但是朝九晚五，年假多，偶尔周末加班还发双倍工资。如果换算成小时工资的话，前者不见得比后者高。而愿意延长工作时间的，如车间流水线上的工人，那些为了挣加班费，又另当别论。

情况二：跟主管上司不合，并且很难有改观。主管上司能决定很多事情，比如是不是安排你负责重要的项目，是不是给你申请调薪、配股，职级提升会不会优先考虑你，等等。一般情况下，上司不会无缘无故对你有意见，或者特别对某人偏心，让团队成员觉得不公平，影响团队氛围。如果的确是你自己的能力、性格、工作态度等造成上司对你有意见，那你首先要想办法改变自己。这里指的是上司自身存在的问题，比如你的工作做得很好，但是他就是看不惯你。

我就遇到过这样的上司，喜怒无常，非常不讲道理，不清楚每个团队成员真实的能力，喜欢溜须拍马的，甚至让下属背黑锅。遇到这样不称职的上司不得不自认倒霉，如果你是在一家不错的公司，不妨看看有没有内部岗位调动的机会。如果没有的话，还是考虑换工作吧。一个好上司真的非常重要。

情况三：在当前公司的发展遇到瓶颈，自己得不到提升，或者一直重复做低价值的事情，感觉工作起来没有激情。有可能公司的业务发展、岗位职责设置、经营策略等致使你在原职位上的发展受限，这种情况要区别对待，不能贸然跳槽。首先，要看发展受限是暂时的还是长期的，如果是暂时的，还是考虑如何练好内功，如果是长期的，那就先看看是不是有内部轮岗的机会，之后再考虑换工作。毕竟你在这家公司遇到瓶颈，也至少证明你工作年限较长，不论是在能力经验上还是在人际关系上都有一定的积累，不要不假思索地放弃现在去奔向未知。

如果出现了看不到发展、工作丧失积极性的情况，无论从自身还是从公司角度来看，你选择离开都是有益的。

情况四：通勤时间太长，异地恋，跟家人分隔两地等。这些情况也比较常见，特别是在一线城市，交通拥堵，房价昂贵，大多数人只能选择住到偏远地区。有时候的确没有选择的权利，即便换工作可能也无法解决问题，比如你住在郊区，但是适合你的公司集中在市中心。这里指的是，在可以选择的情况下还是要尽量选择上下班途中花费时间少的工作，否则每天都花大量时间在通勤上，跟一群陌生人挤在一起，长此以往会影响幸福感。

异地恋、跟家人分隔两地的情况如果是长期的，建议还是换工作。我以前有同事被外派到非洲，妻子和幼女留在国内，结果孩子长大了都不认识他，这样的工作虽然工资很高，但是以牺牲家庭为代价，又有什么意义呢？

情况五：公司不正规，拖欠、克扣工资，在运作上有很大的风险。公司的业绩不一定都是每年上涨，有时候遇到下滑甚至是危机都是有可能的，这个时候不见得你马上就要走人，还是要考虑是不是可以跟公司共患难，这在某种意义上也是一种投资。但是如果你供职的的确是一家“垃圾”公司，那么就不适合继续留下来了。

还有就是公司的老板、经营者作风不正派，价值观扭曲，盲目追求利润而忽视员工、团队的利益，如果遇到这种情况，也没有必要继续为他效力。

除了上述五种比较常见的情况外，还有不适应团队氛围、职业发展规划受阻、所处行业发展前景不佳等，都可以考虑换工作。但是不论什么原因，都应该考虑清楚，太过随意对自己没有什么好处。

我在前文表达过一个观点：不承担公司经营的风险，到哪里打工都差不多。换工作就是换老板，你始终是一个打工者。所以换工作不见得能彻底改变现状，你现在所面临的问题不见得到下一家公司就能迎刃而解，你还是要调整心态，慎重考虑每一个决定。

你若芬芳盛开，蝴蝶不请自来

每到年底，有两类人开始有了比较明显的动作：第一种是一年到头没存下多少钱又想过个好年，于是开始到处借钱过年关；第二种是蠢蠢欲动，想在年前换个新工作，年后就跳槽到新公司上班。这两种人有一个共同特征，就是没有注意平时的积累。

到年尾才知道自己银行账户上空空如也的人，在收入和消费上肯定没有什么计划性，至少在年初时就没有认真思考如何增加自己的收入，这一整年里应该如何有计划地进行消费、存款和理财。到年底了，猛然发现自己回家的路费不够了，孝敬父母的钱拿不出手了，置办年货的资金捉襟见肘了，就火急火燎地到处借钱。

对于这样的情况，想从银行、亲朋好友那里借到钱并不容易，因为银行比你精明，对于这种没有什么资产、收入不高、还款能力显然不强的客户，干吗要贷款给你？亲朋好友也不傻，谁家过年不用花钱，你一年到头都没挣到几个钱，干吗冒风险借钱给你？

也许你最终通过线上的金融平台借到了一笔钱，度过了年关，可是你又背上了一笔债，说不定利息还不低，那么接下来的一年你又会陷入财务困境，从而形成恶性循环。

银行最愿意把钱借给那种业务蒸蒸日上、需要扩大经营的公司，最不愿意借钱给那种经营困难、现金流紧张的公司。这就像我们自己也不愿意把钱借给没有工作或者家庭收入困难的朋友一样，因为这种借钱行为相当于“肉包子打狗”，要做好有去无回的心理准备。

所以，当你急用钱的时候才开始像没头苍蝇一样到处借钱，等待你的只是闭门羹。假如你在平时就好好地做职业规划，有一份好的工作，收入稳定上升，合理分配自己的资金，做好理财，爱护自己的征信，那么可能就不需要经历年底借钱的窘境，就算有急用钱的情况，也能比较容易从银行获得贷款，或者从亲朋好友那里借到钱。

而当你想跳槽的时候，是不是小心翼翼地在招聘网站上更新简历，还注意屏蔽掉当前公司的查询？是不是偷偷摸摸地打印简历，还把公司里的资料拷贝到自己的私人U盘（可移动数据存储工具）里？是不是费尽心机找借口请假，又胆战心惊地去面试？是不是面试结束还要装作若无其事，害怕被上司发现？

其实这一切上司可能早就知道，只是没有点破而已，因为如果你还在通过这种方式找工作，这表明你在职场上的竞争力还很有限，对组织来说可能还算不上不可或缺的人才，新工作的薪酬待遇可能有所上升，但是也没有实质上的变化。

这和前面提到的借钱有什么相关性呢？在我看来是一样的道理，那就是你需要钱、想借钱的时候，却发现自己没有什么能力借到钱，就算能借到，也看人脸色，或是付出比较高的成本。当你想换工作的时候，在网上广撒简历，却发现找个好工作也是那么难，或是自己没有足够的资本去跟招聘企业谈薪酬。

如果换个思路呢？

假如你是银行的优质客户，银行的理财经理就会隔三岔五地联系你，当你有资金需要的时候，他们也会以最快的速度帮你解决问题。所以你的思路不应该是在自己需要钱的时候去求别人，而是想办法让别人主动送钱给你。想要做到这一切，你就要把自己变成银行的优质客户。成为一名优质客户并不是轻而易举的，需要你日常经营自己的经济实力，包括但不限于在银行办工资卡、多存款、多购买理财产品、办理房贷信用卡、维持良好的流水和征信等。

假如你是一名很有职场竞争力的人，根本不需要偷偷摸摸地在常用的招聘网站上投一般岗位的简历，苦苦等待招聘企业的面试电话，而是一到招聘旺季就会有猎头主动找上你，甚至在平时就会有各种猎头向你推荐职位。如果你工作了好几年，都没有什么猎头找你，甚至没有什么人脉认可你、推荐你，那么你就要思考思考自己的职场竞争力了。

想让好工作自己找上你，功夫在平时，甚至就在你当前的这份工作中，你要想着如何持续经营自己的职场竞争力，在日常就建立起自己的影响力，让别人发现你，而不是费尽心机包装简历。

好工作不会无缘无故自己送上门来，想让好工作自己找上你，可以考虑如下几个途径。

一、尽可能把当前的工作做到最好，建立内部影响力，让内部团队知道你是一个优秀的成员。一个组织中的人员是流动的，假如你的前同事到了别的更好的公司，他们要招人，能在第一时间想到你，就说明你之前的工作做得好，给人留下了好的印象。

二、要学会输出，积极建立外部影响力，让公司以外的人知道你有不错的能力。通常普通招聘网站上发布的职位都是中低岗位，高级岗位都是通过猎头和人脉推荐的。高级岗位的要求也高，猎头一般也不会通过普通的招聘网站上去找简历，可能更多是从一些专业的论坛找合适的人选，因为在这些专业论坛上有输出的候选人比漂亮的简历更有说服力。所谓的输出包括但不限于写专业的文章、发表作品、公开的分享、组织线上线下的培训等等。

三、尽可能拓展自己的知识面，了解上下游的工作，而不是局限于自己负责的一亩三分地。因为新的工作很可能跟你当前做的事情有较大区别，工作范围上可能会扩大，职责上可能会提升。你平时就有相关的积累，那么有了新的机会就不会因为自身的原因而错过。

四、做长远的打算，而不是心血来潮就去招聘网站上海投简历，要跟自己的职业规划结合起来，要跳槽就来个三级跳。长远打算就要看你心仪的公司和岗位是什么，要在相当长的一段时间里提升自己的技能，让自己符合要求，并结识相关的人脉，这样一旦有机会你就能抓住。

你若芬芳盛开，蝴蝶不请自来。提前为自己做好规划，打造自己的竞争力，让自己发光，好工作自己会找上你。

徒步前行不如搭上一辆“顺风车”

在刚刚过去的2017年里，我们部门有两个90后员工选择了离职，他们工作的时间并不长，离职的原因也出奇的一致，就是回去加入家族企业，为以后接管家族企业做准备。可以说，他们在公司的这段经历不过是体验社会。非常巧的是，部门里另外一名90后员工也可能在不久的将来回老家，理由也是一样。我现在所在的公司中，董事长的儿子也担任要职，儿媳妇也在我们子公司学习业务，他们都是90后。

有时候不得不感叹，很多90后的工作经历跟我们80后已经非常不一样了。很多90后并不十分关注钱，对贫穷并没有很直观的感知，更在意自我价值的实现。一般来说，80后的父母是50后，这群人用一个字形容大概就是穷，比如我的父母，他们小时候家境贫困，人到中年又因为企业大裁员而成了下岗工人。而90后的父母大部分是60后，如果抓住了改革开放的好时候，现如今不少人都是事业有成，那么他们的子女无疑是最大的受益者。

上述情况只是描述一个基本的社会现状，不代表所有的80后父母都穷，也不代表所有的90后家境都好，还是有不少90后要依靠自己的奋斗才能改变命运。即便是家境不错的90后，甚至被称为“富二代”的90后，仍然需要努力才能真正接管家族的事业。天下并没有免费的午餐，也没有一份简简单单的生意等着你。

在公司的一场交流会上，一名资深的产品经理分享了她做产品的一些经验，还讲了一个关于她大学同学的故事。她的同学A是70后，同学和同学老公B学的都是通信工程专业，大学毕业后两人选择了不同的公司，A进入了当时一家叫阿尔卡特的知名外企，B进入了华为。当时的A可谓风光无限，因为外企待遇特别好，每天朝九晚五，从来不加班，出差住五星级酒店，出差补助甚至都超过了工资。而那个时候的华为才刚刚起步，B就是一名民企的打工仔，华为奉行奋斗者文化、床垫文化，所以B的职场生活跟A相比，可以说是天壤之别。

但是后来发生了什么样的戏剧性变化呢？A所在的外企渐渐没

有了竞争力，不断被兼并，现在的A正处于等待公司破产后拿补偿、再被遣散的状态。A现在40出头，这种大龄女性，因为公司倒闭失去工作，在就业市场上已经没有竞争力，再找一份像样的工作就很难了。所幸的是她的老公B一直在华为工作，华为也从一个名不见经传的小创业公司变成了世界500强、通信领域排名第一的国际巨头。B本身跟随华为成长，早已超越了同龄人，即便A失业在家也无所谓，因为家庭早就财务自由了。如果当初A和B双双选择了知名外企，走一样的职场路线，现在不一定有这样圆满的结局。

我有一个前同事也在创业，在创业之初很难找到合适的人才，当时有一名浙江大学的应届生加入了这家初创公司。这名90后的应届生在学校成绩优秀，毕业时手头上有好几个大公司的offer，但是他毅然选择了一个风险极高的初创公司。我问他为什么这样选择，他的回答很直率，说他去阿里巴巴很容易，可是他会跟其他应届生一样，只不过是个小兵，起个花名，被人使唤来使唤去。但是在这个初创公司他就是核心员工，不仅负责的内容更多，能学习到的东西也多，关键是自己可以跟公司一起成长，就算失败了也无所谓，毕竟每个人要工作几十年，职场之路还很长。

三年多时间过去了，这个创业公司成功融资了两轮，度过了最艰难的时候，还获得了大量的海外订单，马上就要进行第三轮融资了，一切都在往好的方向发展。这个应届生因为加入公司早，虽然不是创始人，但是也属于初创团队的核心员工，将来股票兑现远超他那些选择了大公司的同学。

当然，选择加入初创公司，跟公司一起成长，是一件高风险的事情，不过风险和收益都是成正比的，总是不想承担风险却又想着回报丰厚也很不现实，这在前面的文章中已经说明。

不久前，公司里一名跟我关系不错的90后产品经理离职了，他说想去做伟大的产品，所以要去加入一个伟大的公司，这样站在巨人的肩膀上才能成功。这样的想法很普遍，很多人本能地以为在大公司平台更好，机会更多，成功的概率也更高，可是大公司分工细，人才济济，真正想要出人头地也不是件容易的事。很多大公司其实都存在固有弊病，很多好的想法要经过层层审批，特别是在已经有成熟团队和产品的前提下，想要做大的创新谈何容易？所以我们不难看到，很多巨头公司都是通过收购、投资入股创业公司来完成自己的创新。

更何况，加入一个伟大的公司并不能直接使自己伟大，已经存在的伟大产品都是属于初创者的。所有的伟大都源于渺小，苹果诞生于一个小小的私家车库，Facebook（脸谱，美国社交网站）诞生于哈佛的学生宿舍，阿里巴巴诞生于一间民居，我们基本上只记得这些伟大公司的初创团队，没有人会记得后来加入的普通员工。

我们可以看到，跟随公司成长是多么的重要，华为董事长孙亚芳以前在华为是个客服，阿里巴巴副总裁董文红以前在阿里巴巴是个前台，董明珠以前在格力也只是个普通的销售员。这三名女性的励志经历在我们看来堪称传奇，其实无非就是她们自己非常努力，同时跟随公司一起成长，然后获得了超常的回报而已。不过真正能做到这一点其实很艰难，因为这需要你自己本身就非常努力，同时对公司的发展有十足的信心，并且在公司遇到困难的时候做到同舟共济。从这些寥寥无几的成功者案例可以看得出来，大部分人是做不到这样的，大家还是更看重短期利益，这样看似短时间内自己没有吃亏，但是从长远来看，并不见得会有很大的成就。

我也仔细观察了一下身边的同学和朋友，发现那些长期在一家公司供职的人通常都发展得不错。比如，我现在公司的副总，他从大学毕业就来到公司，差不多有20年了，从一个基层的程序员做起，现在已经是公司里元老级的人物了，很有可能进入公司最高管理层。

我在上一家公司认识一个合作方，他大学毕业就创业，10多年过去了，一直在经营自己的公司，现在年收入已经过亿元。我的一名同学毕业后去了海尔的县城销售处做销售，如今已经成为大区销售总监。相反的，身边也有不少在一线城市里打拼的朋友，但是他们频繁换工作，甚至换行业，折腾来折腾去也还是普普通通。

就像买股票一样，如果你认准了采取价值投资，长期持有，不断增加投资，一旦这个公司不断发展壮大，那么你就是搭上了“顺风车”，你的股票将会不断增值，获得高额的收益。如果你采取短线操作，频繁地买卖，今天买这个股票，明天买那个股票，那么最后能勉强跑赢大盘就算不错，更多时候是以亏本结束。

如果你没有显赫的家世背景，没有等着你回去接手的家族企业，也没有过人的才智胆识，只能像大多数人一样靠自己的打拼创造未来，那么你要做的就是找到一个成长型的公司，在其中贡献自己的热情，跟随它一起成长，这可能就是你超越同龄人的最好途径。

你要平台光鲜亮丽，还是锻炼事无巨细

前阵子有一些读者向我咨询关于跳槽和选择offer的事情。有的人可能会获得好几个offer，或者收到不同类型公司的面试邀请，面对不同规模的公司该如何选择？不同的选择对于个人又有什么影响呢？

公司规模在国家政策层面有比较明确的定义，会根据行业、人员规模、营业收入等综合评定，这里我只根据我们平常的认识粗略地把公司分成四类。第一类为巨头公司，就是在行业处于领先地位、员工数量多、产业规模大、有不错的薪酬福利和发展平台的公司；第二类为中型公司，就是在行业中处于中等水平、竞争对手比较多的公司，人员和规模等比巨头公司要差一些；第三类为小微公司，员工数量只有两三百甚至几十，业务和产品线相对比较单一；

第四类为创业公司，人员可能只有几个人，通常是聚焦某一个新产品。

我的第一份工作就是在一家小微企业，我是那个公司的第11名员工，不过在我离开时公司已经发展到了400多人；我的第二份工作是在一家很有名的巨头公司，而且是世界500强；我的第三份工作是在一家中型公司。所以，就我个人的工作经历来说，我对于这个话题还是有一定的发言权的。

对于一名求职者来说，在没有任何更多背景描述的情况下，很难说什么规模的公司适合自己，因为这四类公司都有自身的优劣势，而且一个工作岗位也不能仅仅看所在公司的规模，要考虑的因素还有很多，适合自己才是最重要的。

首先，巨头公司意味着相对稳定广阔的发展平台，待遇和福利都会逐年增长，更重要的是在这样的公司工作，作为个人也会认为“有面子”，有光环效应。有了巨头公司的工作经历，再找另一份工作也相对容易一些。巨头公司内的岗位区分非常细致，职责非常明确，工作流程也比较完备，大部分人负责的事情相对专一。

不过，巨头公司并非就是完美无缺，它虽然是人才和资金集中的地方，但是也会因此让个人无法表现自己。为了保证组织活力，巨头公司会不断网罗优秀人才，并且会优胜劣汰，如果你不能在团队中脱颖而出，随着年龄的增大，就很有可能被淘汰。这也是为什么大家经常看到巨头公司裁员的新闻。巨头公司的内部竞争也很激烈，一旦业绩下滑，组织和人员调整是非常正常的事情。表现一般的人即便没有被淘汰，也很可能会长时间做基层员工。甚至有些优秀的人，会因为长期得不到施展自己才能的机会而感到郁郁不得志。

有的人可能会说，能进巨头公司的话，谁愿意去小公司？这就要回到前面所说的，如何选择需要结合个人情况。一个人的职业生涯很长，有一段在巨头公司的工作经历固然是一个优势，但是我们也要知道，即便是真正优秀的员工，在巨头公司里也可能会遭遇发展瓶颈，有些人有自己的想法却无法通过公司的平台实现，这种情况也是很常见的。

中型公司虽然在资质上不如巨头公司，却是不少人的选择，毕竟巨头公司数量有限，招聘要求高，这时候中型公司的优势就会体现出来。首先可以看到，中型公司能给个体的待遇不一定就比巨头公司给的低，这主要是看具体的岗位。对于一些比较重要的岗位，特别是高级的岗位，中型公司为了抢夺人才，只能花大价钱，否则无法跟巨头公司竞争。所以你如果真的很优秀，在中型公司里担任重要的岗位，收入不一定就比巨头公司差。但是因为平台限制，在中型公司里想要获得特别大的发展，机会相对较少。

中型公司存在两种发展的情况：一种是业务发展势头好，有逐渐成长为更大型公司的可能；一种是业务发展受阻，很容易出现规模逐渐缩小的趋势。所以选择中型公司时，要关注这个公司本身的发展前景。如果是一家发展中的中型公司，个体也会在公司的成长中受益，而且是越重要的岗位，受益程度越高。

对于起点不是特别高的人来说，先在中型公司里磨炼几年，再跳槽到相同行业的巨头公司的话，胜算也会更大一些，或者去小微企业担任更高级的岗位，也更有优势。所以，中型企业更像职业生涯中的一个跳板。

小微企业的整体薪资福利水平自然无法跟中型公司相比，更比不上巨头公司，即便是比较高级的岗位，在薪酬上也可能没有竞争力，因为大部分小微企业的人力成本控制得非常严格。小微企业在工作责任和流程规范性上会差很多，但是同时又要追求速度，所以工作压力也不会小。所以在这样的企业里工作，更主要的是积累经验。因为工作流程上的不规范，一个人如果要了解一个岗位工作的方方面面，对于上下游的工作也必须十分清楚，甚至要负责很多岗位职责以外的事情。这对于个体成长来说并不是一件坏事，特别是年轻的工作者。

总的来说，小微企业是可以快速积累工作经验、增长行业知识、锻炼为人处事能力的地方。如果你进入的是一家快速成长的小微企业，那么个人在其中也有机会得到不错的成长。

初创公司和小微企业比较接近，不过它们还要考虑生死存亡的问题，所以对于在其中工作的人，风险更高，同时要承担更大的工作压力。如果你只是要找一份工作，完全没有必要加入初创公司，如果只是在初创公司打工的话，个人回报会很少。因为创业的成功率实在太低，虽然一旦成功会有很高的回报，但是回报是给股东的，一名普通打工者是无法享受到这个回报的。

当然，不少初创公司为了吸引人才，会给予一定股份作为条件，而且薪酬待遇也不低，因为企业的高风险决定了对核心成员的高要求。不过，相对应的，工作压力也会很大，要与公司共存亡，加班也是常事。

初创公司各方面的条件不怎么样，也没有规范的工作流程，所有人都要能独当一面甚至几面，并且要全情投入，否则很容易失败。它的魅力在于有更多的自主权，不论是为了自己的理想，还是为了赚取高额回报，都会有一种兴奋感。但是我们也要知道，创业公司存在太多不确定性，即便你是创始人也有可能被踢出局，就更不用提其他合伙人或者员工了。

不管你选择哪种类型的公司，都要先仔细分析自己的情况，包括自身工作能力、个人求职意愿，还有自己的职业规划。凡事都有两面性，未必多数人的选择也适合你，要根据自身的条件和需求，找到最适合自己的平台。你的职场之路，要由你自己来设计。

第五章

影响力：发出你的声音

每个人都应该建立自己的影响力，包括内部影响力和外部影响力。你如果只知道闷头工作，慢慢地可能会成为可有可无的存在，很难被当作下一个晋升对象。

你不仅要存在，还要有存在感

我们在工作中常常会遇到这样一种情况，那就是对自己有影响力的人不一定是自己的上司或者更高级别的领导，有时候我们反而觉得听从领导安排，无非就是因为他们的职位比自己高，为了保住饭碗不得不去做他们要求的事情，所以即便有时心里不认同对方，嘴巴上还要附和，连连点头表示赞同。而有些人或许只是跟你平级，但你就是对他有一种钦佩之情。这里就要谈一谈什么是职场影响力。

职场影响力是一种综合的力量，由多种维度构成。上司、领导这种更高级别的职位是其中的一种维度，但是并不意味着只有高职位才能形成强大的职场影响力。从作用范围来看，职场影响力分为内部影响和外部影响，内部影响力是指你在公司、组织、团队中的影响力；外部影响力则是指你在公司外、行业中的影响力。

内部影响力和外部影响力是相辅相成的，首先你必须要有比较强的内部影响力，才可能产生外部影响力，而外部影响力又会反过来加强内部影响力。

有比较强的内部影响力主要表现在推动团队工作上更加容易、对于工作事项的意见更受重视、有更高的决策权重、能够有效指导他人，以及在为人方面更受信赖和尊敬等。对于一位职位高的人来说，可能本身就会被默认拥有这些特质，但是如果仅仅是职位高而没有与之匹配的能力，也很可能会降低影响力；反过来，一个普通的员工也可以通过一些手段来打造自己的影响力。

可以通过如下几个方面建立自己的内部职场影响。

一、保证自己的工作输出质量。这是让自己产生内部影响力的基础，假如连自己的工作都做不好，输出质量都有问题，总是被别人发现纰漏，甚至要别人给自己擦屁股，如何能产生对他人的影响力？保证工作输出质量并非仅仅是在工作交付给下游的时候，在工作的一开始就应该跟上下游做好充分的沟通，力求达成意见一致，在工作交付之后也不能做甩手掌柜，仍然要做好后续的跟进。保证输出质量从本质上来说就是对工作负责，凡事抱着反求诸己的态度，把自己的事情做到极致，这样才可能对他人产生正向的影响，和自己的职位高低并无关系。

二、严格遵守时间计划。在职场中，一个对时间和计划没有概念的人是无法建立起自己的影响力的，即便是为了保证工作输出质量，也要以严格遵守时间计划为前提，因为大部分工作都是分工协作的，你不能因为只考虑自己而压缩其他人的时间，最终很可能导致整个项目的延期。因此在前期确认好每一项工作、每一个环节的时间计划十分有必要，这样一来，相互配合的人知道彼此的日程安排，整体的效率才能提高。一旦时间计划确定了，就应该保证自己的交付时间点，如有意外情况，也应该及时跟协作人沟通，而不是到最后的时间点才说有问题，打乱别人的节奏。

三、拥有良好的工作习惯。很多人会忽略这一点，认为良好的工作习惯影响的只是自己，实际上，工作习惯会通过影响自己，继而影响到其他人。良好的工作习惯包括遵守公司的上班时间、工作制度，主动工作，接受挑战，积极与他人配合，对事情的轻重缓急有明确的认识，懂得合适的职场礼仪，尊重他人，等等。简单来说，就是能够给他人留下一个职业化的形象。在工作场合表现出自己的职业化有助于建立自己的影响力。很难想象一个做事拖沓、行为不检、衣着邋遢的人如何能真正建立起自己的影响力。

四、具备严格的职业操守。这一点自然不用说，良好的职业道德是建立自己的影响力的保障，每个人都应该珍惜自己的职场信用。职场信用不佳的表现包括利用职位之便为自己牟取利益、任人唯亲、对上级溜须拍马，以及不遵守竞业协议。有的人跳槽时不注意竞业协议，甚至带着老东家的资料、客户资源入职竞争公司，这样的人在短时间内可能会受到器重，但是新公司的领导也会明白你是怎样的一个人，怀疑你很可能会故伎重演。所以没有职业操守的人即便能力再强也不可能得到重用，更不用说建立起自己的职场影响力了。

五、不断精进自己的技能。前面几项都是建立职场影响力的基础，更多的是在塑造个人职场形象，而真正能让自己影响到他人的还是专业技能。在前面的章节中也提到过，专业技能的提升永无止境，当你的专业技能远远超越同事，相关知识面更广，能更快地接受新技术、新工具、新方法和新思路，并灵活运用到工作中去，那么你的内部影响力自然会建立起来。如果你能被其他团队成员所敬佩，吸引大家纷纷向你请教，你自然就具备了不错的影响力，你自己的工作推动起来也会更加容易。

六、善于总结和分享。在工作中，有影响力的人除了有很强的专业技能外，还都善于总结和分享。总结和分享的形式多种多样，可以是线上的，也可以是线下的，可以是给他人进行正式培训，也可以是日常的交流。这其实是主动出击，让团队成员更多地了解自己。虽然你也可以选择做一个默默无闻的“扫地僧”，但是为了长远考虑，你仍然需要在该出手时就出手。

七、建立外部影响力。如果想让自己在团队内的影响力更上一层楼，那么建立外部影响力就是一个很有效的途径，因为它会反过来促进内部影响力。关于如何建立外部影响力，将在下一节中详细讲述。

一个人是不是有内部影响力自己是可以判断出来的。在日常工作中你的意见能够被重视，你能比较容易地推动团队协作，有人主动且频繁地向你请教问题，你的培训和分享有很多人参加和认真学习，你主持的会议能让大家积极聆听、热烈讨论，甚至有人默默效仿你的工作方式，如果有这些现象，就表示你已经在团队内建立了不错的影响力。反之，你就要看看自己在哪些方面做得还不够。

公开你的优秀，晋升业内“大牛”

前面已经介绍了如何建立自己的内部职场影响力，这一节将着重介绍如何建立自己的外部职场影响力。内部职场影响力是外部职场影响力的前提，这就相当于“攘外必先安内”，如果一个人连基本的内部影响力都没有，是不可能构建起夯实的外部影响力的，而外部影响力又可以反过来加强内部影响力，形成一个正向的循环。

外部职场影响力表示一个人在公司外、团队外有一定的知名度，对于所属的领域、行业有自己的见解并且得到同行的认可，其表现包括在行业论坛、峰会上发表言论，有很多慕名的粉丝，是竞争对手不惜重金挖角的对象等。简而言之，就是有很强的职场竞争力，对于行业有话语权，在市场上很“值钱”。

具有外部职场影响力的人在当前公司中通常有比较高级的职

位。当然这也并非绝对，正如前文所说，一个人的影响力不仅仅取决于其职位的高低，一个职位不高的人同样也可以凭借其他条件建立起自己的外部影响力。与内部影响力一样，外部影响力也分为不同的层级，有外部影响力的人不一定就是一呼百应的行业明星，有被同行认可的业绩的人同样有着外部影响力，是猎头的重点关注对象。

可以通过如下几个方面建立自己的外部职场影响力。

一、先打造自己的内部职场影响力。这一点已经多次强调，在没有内部影响力的情况下，想打造外部影响力，就如同建造空中楼阁。关于如何建立内部影响力在前面的小节中已经具体介绍过了，不再赘述。

二、发掘自己的核心行业技术优势。显而易见，你的工作输出质量、工作习惯和职业操守等内部影响力的构成部分很难被外人发现，也就无法凭借这些建立外部影响力，所以首先就要找准自己的行业优势。能形成外部影响力的人都有自己独特的优势，比如掌握核心技术、具备前沿思想、拥有重要的专利和著作等。这些无一例外要求你首先要在专业技能上高人一等，否则，你技不如人，何谈对他人有影响力?

三、善于公开分享。建立内部影响力需要在内部多做总结和分享，同样的，建立外部影响力也需要在外部做分享。当然，在你没有任何名气的时候，向外部分享可能没有什么人关注。这是一个循序渐进的过程，你不需要一上来就到专业的论坛、峰会上去分享，在一些线上的平台、自媒体发表文章、培训视频都是很好的方式。公开分享也是一种输出，也应该是持续的，可以倒逼自己不断输入。当你有了自己的内部影响力，又有相对于同行的核心技术优势，再加上不断地输入，那么再做持续的对外分享也不是难事。当业界同行逐渐认识你、认可你，那么你的外部影响力自然会建立起来。

四、把握每一次展示自己的机会。每一次的分享交流、行业聚会、发表演讲都是展示自己的机会，能获得这样的机会，表示你已经具备一定的外部影响力，如果每次机会你都能好好把握住，又会使你的外部影响力得到加强。做到这一点的基础不外乎自己真的有“两把刷子”，同时还能针对不同的场景做好充分的准备。公开演讲是一种很重要的输出形式，想要打造自己的外部影响力，一定要掌握相关能力。我们不难发现，很多业界的成功人士都是演讲高手，可以轻轻松松搞定一场发布会。所以不擅长公开演讲的人要有意识地进行锻炼和彩排。

五、保持谦虚的态度。有些业界成功人士往往“语出惊人”，对他人的态度也非常尖锐，能做到如此“彪悍”，也说明他们的确有他人不可望其项背的优势。但是这不代表每个人都必须这样，时代变化很快，你所处的行业在技术、思想上飞速变化，没有谁可以保证自己永远走在行业的最前端，保持谦虚的态度可以让人走得更远，有助于建立长久的影响力。

外部影响力的建立是一个不断积累、循序渐进的过程，也是一个从量变到质变的过程，需要很长的时间。刚参加工作不久的人不可能马上就建立起很强的外部影响力，所以，不要一上来就强求自己能够“人尽皆知”，先在线上的平台发表文章、观点，这或许就是建立外部影响力的开始。

外部影响力是个人职场竞争力的一个重要标签，如果你已经晋升为业内“大牛”，可能就会经常受邀担任一些活动的嘉宾、专业评委，进行线上或线下的分享，甚至被别人当作导师。你也会三天两头接到猎头的电话，成为业内争夺的“资源”，这样一来，你的职业发展也会拥有更广阔的空间和更多的可能性。

无惧尝新，让外界看到不一样的你

前不久听到一句话：如果你不再会唱新的流行歌曲，那就表示你已经在变老了。现在想想真是这么一回事，就以我自己为例，年轻的时候爱听各种流行歌曲，听几遍就会唱，但是现在几乎都不知道有哪些流行歌手，也不再关注有什么热门歌曲了。

我想，对流行歌曲的敏感度只是一个人对外界好奇程度在某个维度上的判断，并不是绝对的标准。不过，如果你对这个世界不再好奇，不再想着去探索未知，没有了学习新知识的动力，不敢尝试没有做过的事情，这大概就是真正的老了。这种变老不仅仅是年龄上的，更多的是心态的转变。

80岁的中国大爷王德顺在2015年的中国国际时装周上赤裸上身走了一次秀，一时间引发轰动，吸粉无数。80岁在任何国家都已经属于风烛残年的岁数，运气好一点儿的，即使不用待在养老院的病床上，也极有可能是数着剩下的日子等待死亡。像王德顺这样每天锻炼至少两小时，保持身材当男模，对于大多数人来说是想都不敢想的事。

其实，王德顺当男模只是他日常生活的一个侧面，他年轻时是一名话剧演员，在年近八旬的时候还演电影和写书，甚至参加了全国马拉松速滑大赛。王大爷老吗？他的生理年龄的确很大，但是他这种持续探索、挑战新事物的精神会让他永远年轻。

我曾经有个同事，她才30岁出头，在离职前说自己本来想到我们公司“养老”的，但是没想到事情那么多，每天那么忙，有点儿受不了。其实在互联网公司，忙是一种常态，不忙的都是快倒闭的公司。我有不少创业的朋友，基本上全年无休，相比之下我们公司就像个伪互联网公司。我认为忙只是她的一个借口，没有了探索的精神才是根本原因，所谓的“养老”不就是无所事事地等死吗？一旦心态开始衰老，就算年龄不大，职业也很难再有上升空间。所以很多人工作了十几年，还是处于基层员工的位置，也不足为奇。在岗位上停止探索，停止研究新知识，习惯被动工作，就是职场上走下坡路的开始。

不再探索是一种可怕的状态，这表示你默认自己已经不会再有新的可能，你不知道自己想要什么，还能成为什么样的人，所以只能以最低能耗的方式重复生活，不会再为新学会一种技能而兴奋，也不会为发现自己有某项特长而激动。有句话叫“欲望使人年轻”，当你不知道自己想要什么的时候，你的心如一池死水。你的生活看似轻松了起来，实际上已经没有了色彩，而你以为的平静，很可能暗藏危机。在人生的坐标轴上，别人的生活正在以指数增长，而你的生活只是一条没有角度的直线。

如何判断自己正在加速变老？看看比你大几十岁的父母吧，他们跟你一样用着最新款的智能手机，跟你一样刷着朋友圈，在微信里给你发各种表情包，而你每天做着跟他们一样的事情，你就该意识到自己正在加速变老了。

要想改变这一切，就要学会离开自己的舒适区，去发现更多的可能，去探索更多新奇的事物。就像王德顺老爷爷在80岁的时候还能创造生命中的各种可能，你只要重新开始探索，就会发现年龄不过是个数字，当身边的人逐渐老去，你却能永远年轻。不过，探索和学习的过程并不轻松，发现新奇事物通常不会有捷径。

有个读者对我说，她最近非常焦虑，总觉得自己学习新知识的速度太慢，经常看到别人晒书单，每年读几百本书，而她自己手头上的一本书好像总也读不完。她希望自己能像别人一样快速把书读完，吸收精华，然后写出书评分享给别人，仿佛这样才算圆满。

这是一个知识爆炸的时代，新知识层出不穷，每个人随时随地都能通过各种途径获取知识，稍微停一停就会落后于他人。于是，知识服务这个行业悄然兴起，大大小小的知识服务平台、形形色色的知识服务者活跃在我们的视线中。

知识服务者每天以极快的速度读完一本书，再把他们获得的“精华”传授给别人，而且收费很便宜，一天只要几毛钱。这就给人造成一种假象：我只要花几毛钱就能雇佣一个人帮自己学习，原来自己要花费几个小时，现在只要十分钟、半个小时就学完了一本书，这难道不是一件很划算的事吗？

但是我们要知道，学习不等同于一般的体力劳动，这和你雇用一个钟点工替你打扫卫生是完全不同的概念，虽然学习有一定的技巧，但是学习这件事本身并不能直接由别人代替。一项复杂的知识，即使别人可以深入浅出地表述出来，传授给你，但是如果你自己没有经过深度学习、思考理解、刻意练习、实际运用这个过程，所谓的“精华”对你来说也就是左耳进右耳出。

当然，我并不是否定知识服务的作用，只是现在的知识服务对于个体来说，只适合传递泛泛而谈、相对简单的知识，对于稍微复杂一点儿的知识，你只能了解皮毛，听完、看完就能马上为自己所用的少之又少。接受知识服务在拓展自己的知识面上或许有一定的帮助，但是很难让你发生质的改变。

因此，不用过于在意那些鼓吹30分钟读一本书或每天读一本书、每年读几百本书的知识服务者，我相信他们都有自己的读书方法，但是他们读的书内容基本上都是一些简单的知识，诸如时间管理、思维方式等方面的技巧，很少真正涉及专业领域的深度知识。因为他们自己也没有足够的时间和能力消化这类知识，更别说传授给大众了。

然而，即使是看似简单的知识也不要随意获取，找一个专业的平台，听一些专业人士的分享，效果可能会比从许多名不见经传的人那里听来的要好。利用碎片化的时间听听知识新闻，看看公众号文章，读一读别人的分享，对于这种行为，不要赋予太沉重的意义，仅仅当成和刷美剧、看娱乐节目一样的时间消费即可。因为这离真正的学习还差很远。

打造自己的影响力是一个持续的过程，需要你不断地进行大量的输入，不断地去探索和学习。学习成长从来都是一个跟自我对抗的过程，能速成的含金量都不高，因为大部分人的智商都差不多，你能速成的，别人也可以。能让你真正领先于他人的知识不可能轻易被获得，所以别把那些速成的东西当宝典。

你不需要速成，你需要的是专注。

世界很挑剔，你必须更专业

2017年世界著名的维多利亚的秘密内衣秀首次登陆中国，那段时间被一个叫奚梦瑶的超模刷屏，连打开手机百度搜索时，搜索框下方都是关于她在维密舞台上摔跤的图片新闻，这让我也经不住好奇想看看她究竟摔了多大的跟头。

作为一个普通观众，看到有模特在T台上摔倒或者出错，其实是会觉得挺有趣的，这就如同我们喜欢看新闻联播的主播读错新闻、春节联欢晚会上有歌手唱破音一样。我们期待这样的事情发生，是因为它们发生的概率比较小，一旦被捕捉到，就成了大家的谈资。

奚梦瑶摔倒引发了两种态度。

一种是怜惜和鼓励，不少人觉得模特们踩着那么高的高跟鞋，走在极其光滑的T台上，还穿着各种“拖拉”的服饰，不仅要保持自己的仪态、表情，在规定的时间里走到规定的位置，以最佳的姿态展示出身上的服饰，还要配合摄像头，跟观众互动，这一切实在是太不容易了。作为一个模特，谁也不希望在如此重要的一场秀中摔跤出丑。辛苦训练了那么久，一个意外就让她的努力付之东流。她值得被同情，不应该被苛责。

另一种是惋惜和批评，因为对于模特来说，维密秀几乎是职业的巅峰，这样的机会没有好好把握住，那么以后的职业生涯就岌岌可危了。持批评态度的观众主要是认为奚梦瑶在摔倒后的处理太过于草率，毫无超模的气场和素养。假如她在摔倒的第一时间就迅速调整并站起来，然后加快节奏走完自己的部分，大家也不至于那么苛责。但事实上，奚梦瑶摔倒后瘫坐在地，不知所措，甚至需要别的模特扶着才能站起来，之后的走位和仪态完全没有了本该有的样子，还严重影响了后面的模特。她也没有很好地展示自己穿戴的服饰，换位思考，如果自己是那套服饰的设计师，一定相当失望甚至气愤。

这两种观点的争论十分有意义，奚梦瑶并非是维密舞台上第一个出现失误的模特，相信也不会是最后一个，觉得T台上摔一跤无所谓的人其实是把模特这个行业当成了娱乐。尽管现实中的确有不少模特跨界当娱乐明星，但是走秀本身是一件非常专业的事情，这些模特们也都是经过大量的训练，长年累月近乎苛刻地对待自己的身体。所以，并不是个子高、有一双大长腿就能当模特。台上完美的一分钟，需要台下无数个小时的付出。

可以肯定的是，奚梦瑶不会因为这一摔就提前退休，但是无论摔得多么痛、脚肿得多么高，已经有很多路人站在模特专业性的角度来评判这件事了，不再关心她曾经是多么光彩夺目，摔跤后又是多么楚楚可怜了。因为更加光彩夺目的大有人在，而这个挑剔的世界会把聚光灯下的失误放大数倍。欲戴皇冠必承其重，说的就是这个道理。

对于我们普通人来说，又何尝不是这样？

我记得以前家里如果要清洗空调、抽油烟机等电器，都会找那些塞在信箱里的家电上门维修小广告，打个电话就会有“野生”的维修人员上门。可是这些维修人员大部分时候都不够专业，至少没有表现出专业性，要么迟到，要么清洗不干净，而且收费没有一个固定标准。后来这类服务在一线城市渐渐专业化了，我开始在更为专业的平台上购买服务，并且所有的服务都是明码标价。专业的服务人员守时、着装统一、有完备的工具，施工过程规范，有严格的验收标准，而且可以进行服务后评价。

当你用过专业的服务之后，就不会再选择不专业的服务了。如果无法给别人提供专业的服务，被淘汰只是时间早晚的事。

模特在专业性上的失误造成的后果顶多是金钱、名气受损，但是对于医生这种岗位来说，一旦出现不专业的行为，那么引发的很可能就是人命关天的大事。这也是为什么我们生病去医院就诊的时候都希望能挂专家号，一个很直接的期望就是自己能被更专业的医生诊治。

其他行业的工作大致也是如此，没有人愿意跟不专业的人合作，也没有客户愿意使用不专业的产品和服务。

因此，每个职场人都必须不断提升自己的专业性，而不是停留在人情世故上，因为在未来，更加专业的人会集合在一起，组成更为专业的团队，致力于打造更加专业的产品，而不专业的人会渐渐被淘汰。不是这个世界太挑剔，而是挑剔才能让真正专业的人走得更远。

对于刚参加工作不久的人来说，要在刚进入职场时就为自己塑造专业的形象。在经验尚浅的阶段，良好的工作态度、不断精进的技能才是走向专业性的开始。企业是一个优胜劣汰的系统，它或许愿意在一开始投入大量的时间和金钱培养新人，但是如果被培养者长时间达不到专业的水平，就会因通不过考核而被淘汰。

以我们公司为例，每年都会通过校园招聘招收大量的应届毕业生，这些应届毕业生没有工作经验，如同白纸，有的甚至在大学期间都没有到企业里实习过，公司会花费相当高的成本来培养他们，为他们安排导师，让他们从基础的事情做起。6个月之后会进行一轮转正考核，通过考核的留用，未通过考核的直接辞退。通过考核的应届毕业生成为正式员工后，每半年又会进行绩效考评，考评差的会被辞退，连续考评一般的不得晋升。除此之外，公司每年还会有任职资格考核，即对申报任职升级的人进行专家评审，未通过评审的得不到晋升，长期无法晋升的也只能被淘汰。

我相信很多企业都是如此。企业要向用户证明自己的专业性，首先就要保证自己的员工足够专业，为此就需要不断进行考核和淘汰，同时不断注入新鲜的血液。有的人可能会拿劳动法说事，但是从企业的角度出发，辞退不专业的员工，给予其合理的赔偿，要比留下不专业的员工成本更低，也并不违反劳动法。

作为一名普通的职场人，我们要深刻地认识到，并非只有镁光灯下的明星被评判，每一个人都在被专业这把尺子不断衡量着。你专业，你提升；你不专业，你就会出局。我们唯有不断提升自己的专业性，不断建立自己的内部和外部影响力，才能在这个越来越挑剔的世界里前行。

要想互利，必先对等

很多人以为建立自己的影响力，尤其是外部影响力，就是要多结交一些大咖，微信里的大咖多了，仿佛自己的影响力也就上去了。这可能是对人际关系的一种误解，当你跟那些大咖还不是一个级别的时候，你和他的人脉就是一种无效连接，对你没有太大用处。

有次在朋友圈里看到一个刚参加工作不久的年轻设计师发了很多他参加某个活动的照片，都是跟一些知名企业的设计师的合照。其实我和他以前也是在某个业界交流活动上认识的，当时我是演讲嘉宾，散场的时候他跑过来跟我合照，加我微信，盛情难却，所以我没有拒绝。当天晚上就看到他发了朋友圈，贴了我和他的合照，写了诸如“参加了一次有意义的活动，荣幸地和谁谁谁成了朋友”之类的文字。

很显然，在他看来他跟我合照了，也加了微信，自然就是朋友了。但是事实真的是这样吗？我跟他只不过是一面之交。他合照的那些设计师我也认识，但是同样也是这种情况。

我们再看看明星跟企业家的关系，在我看来，他们之间就是一种对等的人际关系。企业请明星拍广告、做代言，是一种互利互惠的行为。企业家在商界拥有各种资源，明星则有着大量的粉丝和很高的名气，因此，双方即使在不同领域也可以建立起等价交换关系。如果这位明星是一个三线小艺人，那企业家就不会认为从他这里可以获得资源了；同样的，如果企业家只是一个拿到几轮投资的创业者，在明星看来也不会给他带来什么。

2017年马云拍了一部名叫《功守道》的短电影，台前幕后可谓大咖云集，有很多著名演员加盟。马云并非娱乐圈人士，这些一线大咖为什么要给他的电影背书？其实道理很简单，马云所拥有的资源和影响力足以让他和这些一线大咖产生等价交换的人际关系网。

所以，如果你要跟某人建立人际关系网，想以此提升自己的影响力，那么就算没有平起平坐的资格，也要拥有别人需要的资源，否则所谓的“抱大腿”根本没有意义。

电视剧《欢乐颂》很多人都应该熟悉，每次播出收视率都很高，这部剧讲述的是几个不同阶层的女孩子和谐共处、相互扶持的故事，但是其实在现实生活中是很难建成这样的人际关系的。我相信有和谐的邻里关系，但是如果说海归高薪CFO（首席财务官）能跟刚参加工作的基层小白领建立对等的人际关系，这几乎是不可能的。樊胜美总想拼命往上流社会挤，想结交富贵名流，但是她有跟上流社会那些精英们等价交换的资本吗？其实明白了人际关系的本质，她也就明白了自己的很多努力都是徒劳无功的。

曾经在一个写作群里看到有人发消息说公众号“等量”互推，意思是说如果双方的粉丝数量差不多，就互相推荐对方的公众号。为什么要强调“等量”？这就是一种等价交换。我有几万的粉丝，你才几百个，凭什么要跟你互相推荐？

有时候因为偶然的关系建立起的不平等人际关系可能会给你带来一次两次的帮助，但是如果你不能给予回报，这种人际关系就会变成一种施舍，终究会断掉。

要注意的是，不要把友情、亲情和人际关系混为一谈，尽管它们有时可能会有重合。或许会有那些无条件给予你帮助的朋友、亲戚存在，即便是这样，你也不能肆无忌惮地透支这些关系。

其实，你是什么样子，你拥有的人际关系就是什么样子。或许你的微信好友里有那么一两个值得炫耀的人，但是你在他们眼里可能根本就不值得一提，所以他们不能算你的朋友。你渴望跟比你强的人建立人际关系，而那些比你弱的人希望跟你建立人际关系，但是如果等价交换的机制无法建立，这样的人际关系就很难建立。“求”来的关系不会长久，想通过这种方式增加自己的外部影响力，也几乎没有作用。

记住，抱别人大腿的人永远都是弱者，打铁还需自身硬。你强了，环绕在你身边的人自然不会弱。只有能跟别人等价交换，才会有更可靠的人际关系，这样的人际关系才是有效的连接，在这种有效的连接下才能产生网络效应，给你带来利益。

“长板”不突出，补“短板”有何用

一只木桶想盛满水，必须每块木板都一样平齐且无破损，如果这只桶的木板中有一块较短或者某块木板下面有破洞，这只桶就无法盛满水。一只木桶能盛多少水，并不取决于最长的那块木板，而是取决于最短的那块木板。任何一个组织，可能面临一个共同问题，即构成组织的各个部分往往是优劣不齐的，而劣势部分往往决定整个组织的水平。

相信上面的短板理论大家都非常熟悉，甚至很多人都会把它当成自己不断提升自我的一个准则，这个理论如果不深入思考的确会觉得非常正确。以个人为例，如果你高中时偏科严重，高考很可能因为一门学科成绩不理想就考不上理想的大学；以组织为例，我们经常说一颗老鼠屎坏了一锅粥，某个绩效差的人可能影响到整个团队。所以这个理论似乎要我们个人不断弥补自己的短板，这样才能提升个人的综合能力，组织上则要让差绩效的员工提升，这样组织绩效才能整体提升。

但是实际情况真的是这样吗？

俗话说人无完人，每个人都有短板，我们如果都把精力放到弥补短板上，那么又如何有时间去将自己的长板发挥到极致？团队中的人本身就参差不齐，如果管理者过度关注绩效差的人，期望通过这些差员工的提升来使整个组织的绩效增长，因此忽略优秀员工，是不是有点儿本末倒置？

我们来看一些实际案例。屠呦呦是一位备受尊敬的科学家，她的长板就是做科学研究，经过数十年如一日的潜心实验，不仅获得了诺贝尔奖，更造福了千万人类。但是她是一个完整的木桶吗？作为一个“三无”科学家，她无博士学位，无留洋背景，无院士头衔，说话耿直，不善交际，多次申请院士都未能当选。如果屠呦呦为了使自己成为一个完整的木桶，就要花费大量精力去学外语，考博士，写论文，察言观色，左右逢源。那么谁来沉浸在实验室里，一次次进行枯燥的科学实验呢？我们的社会究竟是需要一个“三有”的完整木桶，还是需要一个拯救人类疾苦的但是有短板的科学家？答案不言而喻。

类似的人还有很多，据说爱因斯坦是一个连日常生活都不能自理的人，作家韩寒连高中都没毕业，乔布斯爱对人冷嘲热讽，马云长得难看，金星毒舌……但是这些人无一例外地在自己的领域里创造了辉煌的成就，建立了属于自己的影响力。究其原因，都是把自己擅长的领域做到了极致，使自己的长板尽可能地长，就算还有短板，那又怎么样？丝毫不妨碍他们的成功。相反的，如果他们刻意花精力去弥补自己的短板，那就可能变成一个平庸的人。

现在有很多大学自主招生都要招“特长生”，你文章写得好，你有发明创造，尽管你的综合成绩不怎么突出，也可以被好大学点招。当然，前提是你的长板足够长。就像一部比较早的美国喜剧电影《律政俏佳人》里的情节一样，女主角凭借着一个有趣的申请视频就获得了哈佛大学法律专业的offer。所以，你的长板其实就是一种有效的影响力。

不过，着急弥补自己短板的普通人还是很多，主要原因是自己的长板不够长，或者跟其他人相比，没有明显胜出的长板，所以木桶定律或许适合这样的人，因为补短板可以提高他们的综合能力。其实在实际生活中，求职、工作、谈婚论嫁、人际交往等等，都是长板让你更有优势，只要长板足够长，别人就会慢慢忽视你的短板了。如果你的短板总是成为前进路上的障碍，通常是因为你自认为的长板不够长。

对于团队管理来说，我也是相同的观点，与其花精力让短板成员提升绩效，不如多鼓励长板成员创造更好的绩效。短板成员的绩效提升了100%，可能还不如长板成员提升的1%。一个团队的影响力通常都是靠长板成员支撑起来的，这就像奥运会的奖牌榜，1000个前10强都抵不上一枚金牌，因为只有金牌才能被记住，才具有影响力。

而且人是复杂的，团队中的成员能力、性格也是不同的，有时候可能是互补的。如果按照前面所说，每个人就是一个木桶，都有自己的长板和短板，那么团队就不只是一个木桶，而是一群各种各样的木桶。如何让所有的木桶加起来能装更多的水才是团队管理的要点。例如，男女搭配干活不累；一个不善言辞的技术人员跟一个善于沟通的产品经理作搭档；一个经验丰富但是遇到职业天花板的导师跟一个刚走出校门但是头脑灵活、有想法和干劲儿的新员工组队。这样的配合可能让两个本身都有短板的木桶“嵌”在一起，形成一个结实的“大桶”，从而装更多的水。

举一个简单的例子，《西游记》里的取经团队中谁是“长板”，谁是“短板”？其实每个人的优势、劣势都非常明显。与其让唐僧去弥补不会跟妖精打斗的短板，不如让他一心向佛，成为团队的精神领袖；与其让孙悟空去改掉暴躁的脾气，不如让他多打几个妖怪；与其让猪八戒改掉贪吃好色的毛病，不如让他插科打诨做团队的黏合剂；与其让沙和尚提升战斗技能，不如让他任劳任怨挑担喂马。取经队伍里不同的成员都保持着自己的长板，才让整个取经队伍具备有效的战斗力和影响力，并最终完成艰难的取经任务。

但是有的团队不是这种配合型的，例如一个销售团队，可能每个销售员都有自己的关键绩效指标，甚至相互之间存在竞争关系，那么这个时候木桶定律就会认为关键绩效指标完成得不好的员工会影响整个团队的绩效。这的确有可能，但是更有可能的是，绩效差的员工即使再努力还是做得不好。如果只是为了完成团队绩效，那么激励绩效好的员工，可能很轻松地就弥补了团队缺失的绩效。

好的团队应该是发挥每个人的长板，而不是强调每个人都去弥补自己的短板。有的人是内向型的性格，是沉迷于技术的员工，你让他锻炼自己多去跟外界交流，可能成效不大；有的人则恰恰相反，善于交际，客户关系维护得很好，你让他沉下心来做复杂的技术攻关，也很难有什么收获。每个成员也应该深刻了解到自己的长板，这才是建立自己内部和外部影响力的基础。

曾经在“罗辑思维”里听到一个观点，大意是在如今“扁平化”的世界中，团队管理已经从“management”（操纵）转向了协同式的“leadership”（领导）了。我是这样理解的，以前的管理模式都是把人当成机器，用同一个标准对待，管理的对象主要是那些“坏机器”，通过管理手段让“坏机器”变成“好机器”。“坏机器”就是所谓的团队“短板”，影响整个团队运转的员工。而协同式的“leadership”则是要发挥成员各自的优势，相互合作，这个做法很显然更看重成员的个性化和独特能力，更像《西游记》里的取经团队。

这是一个充满机遇和创新的社会，对于个人来说，你如果没有长过他人的长板，就算把每一个短板补齐了，也只是一个盛不了多少水的小木盆而已。对于组织来说，如果团队中没有一两个“大牛”，就算每个成员都看似“整齐”，那也只是一个资质平庸的团队而已。

短板定律已经不太适合这个时代，谁都有短板，但是与其花力气补足短板，不如加长加固长板，使长板变成一座“桥”，让自己拥有一整条“河”。

第六章

人际关系：没有人是孤岛

妥善处理人际关系就是掌握人际交往的“度”和“界”。很多人把握不好，给人一种过于圆滑世故或者低情商的形象，即便有不错的能力，也可能遭遇升迁的瓶颈。

关系要经营，不要钻营

有个读者在微信公众号的后台咨询了我一个问题，我觉得很有意思，其实也是我们平时经常会遇到的一种职场现象，那就是在工作中要不要“拍马屁”。这名读者在工作中遇到了一些瓶颈，他把原因归结于自己只会埋头做事，勤勤恳恳，从来不会表现自己，更不会对上司、领导之类的人溜须拍马，所以感觉自己不受待见。而跟他一个部门的同事做人比较高调，很会邀功，对领导更是百依百顺，所以工作中总是能得到更多的资源支持，非常受领导器重。这名读者觉得这样很不公平，认为自己在这样的环境中很难有作为，刚好又到了年底，所以想跳槽，去一个自己能被认可、被器重的地方。

这个问题可以简化为：要不要做个爱拍领导马屁的人，从而使自己的职场之路走得更顺利。相信很多人都有这样的感受，自己本身不懂左右逢源，但是周边总有一些很会阿谀奉承的人，偏偏领导又很吃这一套，虽然自己很反感，但是眼睁睁看着别人比自己更会做人，得到更多的好处，心里不是滋味。其实这个问题的答案十分明显，“拍马屁”本身就是个贬义词，谁会愿意去拍另一个人的马屁呢？无非都是为了自己能获得更多的利益罢了。所以这个问题需要转换一下，“拍马匹”是钻营关系，而我们要做的是经营关系。

不太会经营职场关系的人，有时候的确会比较吃亏，但是这跟公司文化、工作性质、领导风格有很大的关系。有的公司文化强调奋斗、贡献、绩效，领导看重的是个人的工作表现，而有的工作可能又特别要求会经营关系、维系人际关系。

读者的问题让我想起了前不久公司年会上发生的一件事情。很多公司到年底都会组织年会，大家一起吃吃喝喝，席间还会有一些抽奖活动，很多人都为了能中一个现金红包、一部苹果手机而满怀期待。但是在我们公司的这次年会上，人力资源部门玩了一点儿新花样，没有采取抽奖的形式，而是别出心裁地发电子问卷到公司群里让大家投票，得票数最高的人可以到台上砸金蛋。问卷里的问题也是很“新颖别致”，比如，谁是公司里最帅、最靓的？谁是最会撩妹、撩汉的？谁最幽默？谁养的“旅行青蛙”收到的明信片最多？谁最爱运动？类似这样的问题有七八个。不出所料，不少问题得票数最高的都是一些领导，领导自然会把砸金蛋的机会留给员工，所以就变成了领导发红包，每个问题得票数第二的人去砸金蛋。

刚开始大家还觉得有点儿新意，但是后面渐渐发现有点儿不对劲，因为很多人意识到自己根本没有机会被选中去砸金蛋，特别是一些跟大家还不熟的新人，或者所在部门人数比较少的人，能得到奖品的概率几乎为零。于是就有人匿名在公司的论坛中发帖抱怨，原本靠运气的幸运抽奖变成了颁奖大会，而且颁奖表彰的还不是这一年中工作勤恳努力的，而是所在部门人多、人缘好，还要会玩、会搞笑的人。从人力资源部门的角度来说，可能只是想打破常规，制造一些欢乐的气氛，并非刻意要让大家不开心，而抱怨的员工则是对抽奖的公平性感到不满。

这起年会事件看似与前面读者提到的问题没有什么相关性，其实仔细分析一下，两者有一定的共同特征，那就是做事和做人哪个更重要，哪个能让自己获得更大的受益。注意，这里的做人并非是我们通常所说的做一个品行端正、诚实可靠的人，而是指做一个善于经营人际关系的人。

很多人习惯于把某人跟领导关系处得好定义成这个人爱“拍马

屁”。其实，有时候这是一种偏见，因为有的人情商高、能力强，懂得如何跟领导相处，而领导会更器重能力强且值得信任的下属。我不赞成不把事情做好，只是一门心思经营关系、投领导所好，并期望以此在工作中受益的做法。但是在认真做事的同时又能妥善处理人际关系，使自己深得领导信任，那就无可非议了。

多数人的问题其实在于无法两头兼顾。如果一定要把做事和做人分出个先后，在我看来，认真做事还是优先于经营关系。虽说这不一定符合所有企业的情况，但是对个人而言，要想在职场中走得更高、更远，认真做事始终是最可靠的基础。不过，认真做事和经营关系并没有本质的冲突，甚至有相互促进的作用。前面说过，经营关系不是钻营关系，而是指妥善处理跟上司、同事之间的合作关系，用自己的能力和真诚获得对方的信任。不能把事情做好，却只是单纯地“拍马屁”毫无意义，一个真正有领导力的领导就能看明白员工的行为动机，除非你的领导真的是不看重下属做事的能力，只喜欢被人吹捧，那么在这样的领导手下做事，对自己也没什么好处。

认真做事大部分时候都是经营一段正向关系的基础，反过来说，如果你连事情都做不好，或者根本就是在敷衍工作，谁又愿意跟你处好关系呢？在一个有前途的公司里，没有人会欢迎不认真做事、只搞关系的人。

我们经常会在一些跟职场相关的影视剧中看到这样的角色：工作上不精进，专门去搞好跟领导的关系，排挤那些真正有能力、认真做事的同事。但是这样的角色多半没有什么好下场，要么最终被领导识破，要么在换了一个有能力的领导后被踢出局。

回到读者咨询的问题上来，我建议这个读者首先要分析一下自己的同事是不是能力真的很差，对待工作不认真，只会拍领导马屁，其次辨别上司是不是真的是一个不看重团队成员的做事能力，只喜欢听下属的阿谀奉承的人。我相信更大的可能性是：这名读者因为主观上觉得自己没有被公平对待，就片面地认为同事得到领导器重靠的是“拍马屁”而不是能力，领导提拔人员的标准也不是做事态度，而是“拍马屁”的功力。最后还要分析一下自己所做的事有是否产生了绩效，认真做事是一个好的态度，但是同时也需要有好的绩效作为支撑，否则你的努力做事都是无用功。还有的人，明明不能妥善处理和上司、同事之间的关系，却声称是自己只会做事，而责怪别人不懂得发现自己，这样的情况即便换一个环境也还是一样。

现代社会的工作都是要协作的，单打独斗很难在一个团队中取得成绩。所以，理想的工作状况就是既能做好自己的工作，不断提升能力，同时又能跟上司、同事相处融洽。这些跟拍不拍马屁没有关系，因为好的领导需要你解决问题，你们之间也是一种协作。即便身边有同事通过拍领导马屁获得了暂时的利益，也不是你丧失原则、不坚持自我的理由。如果实在不善于经营关系，那就多在自己擅长的领域磨炼，把自己的“长板”拉得更长，让自己成为领导心中不可替代的人，这也是一种不错的职场晋升方法。

学会拒绝，你不必去做那个“老好人”

我刚参加工作的时候是个所谓的“老好人”，因为想着刚走入职场，保持谦虚低调、助人为乐总是好的。所以，除了完成上司交代的工作外，同事委托的事情我也会尽力帮忙。那个时候我是个充满干劲儿、手脚也很麻利的职场新人。

当时有个女同事的工位与我相临，她是公司的老员工，经常会对我说：“我正在搞个材料，麻烦你帮我贴个发票吧。”“我马上要去开个会，你帮我把这个快递寄一下吧。”“我有个报告做好了，但是家里有点儿事要提前走，你帮我检查检查呗。”……对于我来说，这些事的确是举手之劳，而且我觉得多帮助同事可以增加情谊，以后我有困难了，她也会帮我。

然而，事实并不是这样。有一次我正在开会，有个快递送来了，我就发信息让这个女同事帮忙拿一下，结果她说她正在忙，没空去拿。我只好走出会议室，自己下楼去拿，路过她旁边时看到她正在逛淘宝。

还有一次，她让我帮她看看她写的一份材料，我看完了，指出了一些需要修改的地方。但是因为这个项目不是我负责的，我并不清楚全部细节。她提交上去后，上司又发现了一些其他问题，找她谈话，她竟然直接告诉上司是我负责检查的。我得知这件事后，郁闷了很多天。

由此可见，有的人找你帮忙根本不会领情，也不会想着回报，反而会形成依赖，更可气的是，出了问题还会把责任全部推卸给你。

我在第二家公司工作的时候也遇到了类似的事情。那时我们有一个“饭圈”小团体，因为食堂人多，饭菜又不好吃，所以中午就几个人凑在一起订外卖。最开始是我张罗的，每天早上10点多我就会在办公室里喊一嗓子“谁要订午饭”，接着要订的人就会过来告诉我要订什么饭，同时给我钱。然后我再统一下单，到中午的时候取上楼分给大家。

久而久之，这个“饭圈”小团体对我就产生了依赖，有一次上午开会，我把手机设置了静音，没接到外卖的电话，忘记去拿午饭了，结果大家中午不得不去食堂吃，但是我能感觉得到大家对我颇有微词，仿佛这是我的本分工作，我却没做好。有时候早上都已经订完餐了，有的人又要临时加订或者取消，我就得中断工作给快餐店打电话。还有的人因为早上没有零钱，就说下次再给，之后却忘了个精光，好几次都是我自己垫钱。

最开始我也是抱着自己是新来的、要跟大家搞好关系的心态，觉得当一个好说话的人，多做一些方便大家的事情会让自己在职场更轻松。但是我显然重蹈覆辙了。

我觉得不能再这样下去了，于是制定了一套完整的“饭圈”管理制度。首先，我制作了一个excel表格，每个人要先交钱给我，算作饭费充值，我会在表格里统一管理大家的充值和开支，并且按周公布，余额低于一定程度的就会要求其马上充值。其次，我安排了一个排班表，一周五天分别安排不同的人来负责点饭、拿饭，如果有人当天有事，那么他自己跟别人协商换班。

这样做的确产生了不错的效果，每个人都体会到这些小事很烦琐，容易出错，逐渐学会了相互理解。

我有一个朋友，也是一个很好说话的人，经常帮同事做很多杂事。他们公司周末要在外面搞市场活动，本来他只是负责现场拍摄照片，回来写推文、更新网站内容，但是一有人叫他帮忙，他就跑去干。比如布置活动现场，购买活动需要的茶点、奖品，打印、张贴海报，发传单，组装书架，活动结束后收拾现场。他的职位是新媒体运营，但是别人让他做的事情都是跑腿、出力这种低价值的事情，而且这些事情原本都是有专人负责的。结果每次周末活动他出人出力，活动结束后别人都是周一、周二调休，他仍然要去上班写推文，一个星期下来都没时间休息。

有一次他因为帮同事布置墙面，往墙上贴字，结果主管经过，看到了，训斥这不是他该做的事情。他跟我诉苦，觉得帮助别人还被主管说，太不公平了。但是我不这么认为，他做的事情主管都看在眼里，偶尔帮助同事一次，对融洽同事关系、组织氛围也有好处，主管怎么会训斥呢？很显然是他一次次去帮别人做他们自己该做的事情，甚至因此耽误了自己的本职工作，所以被训斥了。

更让人心寒的是，还有的同事属于“白眼狼”型，觉得别人帮他就是应该的。也是一次活动结束后需要收拾场地，其实每个人都事先被分配了工作，男生负责搬东西，女生负责收拾打扫。我这个朋友本来是帮助另外一个男生一起搬很重的架子、器械，但是那个男生嫌重，就一直在旁边玩手机，不愿意动手。我的朋友也拉不下脸让他一起搬，于是自己一个人花了很大力气才搬走。那个“白眼狼”看到他在搬，自己就拍拍屁股回家了。这还不算，“白眼狼”同事看他好说话，有一次办公室有两个很重的箱子到了，里面都是宣传单页，他也是直接指挥朋友让他去搬上来。

朋友跟我讲这些事情的时候心中愤愤不平，但是，我让他反思一下，这难道不就是他自己纵容他人的结果吗？搞得自己特别忙的样子，忙的却是别人的本职工作，这样就算是努力工作了吗？

凡事都要有一个度，帮助同事也是如此，偶尔帮几次没什么问题，但是如果耽误了自己的本职工作就得不偿失了。同事之间的关系有时候比较微妙，职场上的“老好人”不见得就能得到别人的尊重，反而会让人产生依赖，把他们应该做的事变成了你的分内之事。

有的同事有感恩之心，你帮助过他，他记在心里，并在适当的时候回报你。但是有的人明显就是利用你，有时候做个“狠角色”也是非常重要的职场生存法则。

在职场里要得到别人的尊重，就是要有很强的业务能力，把自己的本职工作做到最好，做出很好的业绩，使上司看到你在自己岗位上的独特价值，成为某个领域的专才。至于同事之间的帮助，不用一概拒绝，但是也要分人、分情况，滥用自己的好心根本无助于自己的职场提升。

同事之间的确是抬头不见低头见，好像你不帮他，下次见面就会不好意思，甚至怕他背后说你这个人不好相处。但是如果频繁遇到“好意思”求助的同事，你又有什么“不好意思”拒绝的呢？

你要明白一个道理：帮助人是你的情分，不帮是你的本分。

所以，适当拒绝可能是跟同事相处最有效的方式，不懂说“不”有时候会给自己带来各种烦恼，且不说可能耽误自己的本职工作和休息时间，也得不到别人应有的尊重。

积极做事，怕什么高调做人

有句职场名言叫“低调做人，高调做事”，说的是在职场中做人要谦虚谨慎，但是做事要雷厉风行。这种主张所追求的是一个理想状态：做事的人有着高尚情操，而做的事情又有非常好的成果。所以低调做人是为了人品，高调做事是为了结果。道理是对的，可是实际情况未必如此。

其实，我很少见到这样的完美结果，一个低调谦虚的人做起事来雷厉风行，除非这件事情只需要一个人就能完成，没有那么多沟通、协调、推动的需要，比如一个科研工作者在实验室里埋头搞研究、一个作家在案前笔耕不辍。但是事实上，大多数工作都是团队协作，并不是每个人种好自己的一亩三分地就行了，还有很多上下游合作的环节，而在这个过程中，低调谦虚的个性可能会不利于工作推进。

比如，在我比较了解的设计部门中，我发现推动工作效果好的常常不是那些低调谦虚的人，而是看上去稍微有些强势的人。当然，前提是这个人的能力也不错。一个设计方案的落地需要经过很多人的评审、讨论甚至是质疑和否定，如果设计师没有一颗强大的内心，别人说什么就是什么，方案最终将很难执行下去。

我在上一家公司有个女上司，就是属于为人处事非常高调的类型，不论是内部还是外部的会议，她对其他人从来不留情面，言语也比较尖锐，有时得罪了人还不自知，在公开场合也是一副“舍我其谁”的样子，毫不掩饰自己的傲气。

我们做的产品是智能手机，她经常会提出改进意见或者新的需求。很多工作都需要多个部门配合来完成，有些功能的研发难度非常大，她从来都是要求每个责任人不折不扣地执行。因为她比较严厉，对工作质量要求高，不论是她的下属还是周边部门的人，对她都有一份敬畏之心。也正是这种非常高调的个性，使她在众多部门之中独树一帜，她要做的事情基本上都能按照计划完成。

与之对应的是一名跟她同级别的专家，这名专家为人谦和幽默，跟大家相处得也比较愉快，虽然大家认可他的能力，但是他想要推动的工作总是很难执行下去。最主要的原因就是他太低调了，开会的时候也不爱与人争执，既想发表自己的意见，又想尊重别人的想法，总是想达到某种平衡。后来，这名专家的声音越来越小，对产品的贡献也越来越小，他自己可能也觉得没有成就感，就辞职了。

女上司和专家在为人处事上形成了鲜明的对比，一个高调，一个低调，最终在工作绩效上也形成了很大的差异。从两人的能力上看，专家实际上优于女上司，不过从公司、团队的角度出发，女上司的作用会更大。虽说职场中的人缘很重要，但是空有好人缘而出不了活，对组织来说就是没有实质的贡献。

这里并不是说任何岗位、任何工作都要高调做人、高调做事，当你的工作的确是有很多工作需要推动，特别是需要多部门配合，如果你性格柔弱，在大家眼里没有什么存在感，那么工作就会很难开展下去。这个时候，适当的高调或许更有利于工作的展开。

严厉的上司是一把双刃剑

在我收到的读者关于换工作的咨询中，大家换工作的理由各种各样，有的人觉得在现有的岗位上得不到提升或者没有成就感，有的人觉得待遇和付出不成正比，还有的人认为公司快不行了要赶快撤退。除此之外，还有一部分读者认为自己的上司比较严厉，不好相处，导致自己的工作压力太大，希望换一个新上司。

那么，有个严厉的上司究竟是好还是坏？到底该不该出于这个原因换个公司？这个问题值得仔细分析一下。至少要考虑四个方面：一、上司的严厉是在什么层面；二、你的岗位是否需要严厉的上司；三、上司的严厉对你个人成长是否有帮助；四、你在其他方面是否能得到心理上的平衡。

大家对于第一个方面可能有点儿难以理解，严厉就严厉，还分什么层面？其实当你接触的领导多了，就会明白这句话的意思。有的人严厉，是因为个人的性格或者为人处事的习惯，比如说话的时候咄咄逼人，给人一种压迫感，在公开场合不在意别人的感受，随意训斥下属，或者为人高冷，不容易接近，对他人经常没有耐心，等等。很显然，如果是这种严厉的上司，多半是不会受下属喜欢的。

另一种严厉有很大不同，主要是针对工作本身的严厉，比如对下属的工作质量要求非常高，特别是对工作上的输出检查特别仔细，对于工作的时间计划、流程安排等方面把控得非常严格。这样的上司可能本人性格并非严厉型，仅仅是对工作本身严厉。

还有一种严厉是对自己和他人都比较严格，比如自己严格遵守时间、工作纪律、公司文化，总是要求自己职业化，为了工作很拼命，同时也想把这种自律的态度传染给周边人，特别是自己的下属。

应该说这三种不同的严厉方式在某些时候都会让人喘不过气来，在这种情况下就要再衡量其他方面。

一名严厉的上司是必需的吗？我认为，并非所有的岗位都需要严厉的上司，因为有的岗位工作相对比较简单、程序化，对个人能力要求并不高，即便上司非常严厉，也不见得就能带来什么实质性的好处。有的岗位需要有创造性的输出，不论是公司文化还是团队氛围都应该相对宽松、活泼些，一名过分严厉的上司十分有可能扼杀创新。还有一种情况是，你自己本身的职位级别比较高，这个时候上司更多的应该是授权和鼓励，而不是还像要求一个基层员工一样事无巨细地指摘。

特别是你的岗位本身不需要一名严厉的上司，而你的上司又偏偏属于上面提到的第一个层面的严厉，那么在这样的上司手下工作，可能会使你承受许多非工作本身的压力。

上司的严厉对你个人成长是否有好处？很多人认为严师出高徒，上司对自己要求严格一点儿，那么个人的成长一定更快。其实不一定，同样要结合上面两个方面综合评估。首先，一个纯粹出于脾气暴躁而比较严厉的上司对个人的成长没有任何好处，就如同脾气不好的家长对孩子的成长也没什么好处一样。

那么对于工作要求严格而显得对人严厉的上司呢？这同样要分情况。假如上司对工作要求严格能不断提升下属工作的输出质量，这自然是好事，但是也存在上司过于严厉导致下属做事束手束脚的情况。很常见的就是，因为下属在没有得到上司明确的指示之前什么都不敢做，任何小的事情都先想着找上司拍板，最终团队工作效率低下。这样还会带来一个很可怕的后果，那就是团队成员都不会主动承担责任，出了问题会说这是上司的决定，遇到困难也会被动等待上司给出解决方案。严厉是把双刃剑，上司或许以为自己管控住了所有的事情，但是也会导致整个团队失去主动性和战斗力，同时还会让下属得不到成长。

我在前文多次提到这样一个观点：没有一份完美的工作。不完美的工作很可能就包含一个你不喜欢的上司，这个上司还特别严厉。这个时候你就需要结合其他方面来权衡了。上司是很严厉，而且这种严厉对自己的工作并没有什么帮助，但是其他方面还不错，一旦换个工作，或许上司变得温和了，可是如果没有什么发展前景，离家又远，工资还不如现在呢？

这就是前面提到的，当前这份工作有没有其他方面的优势能弥补一个严厉上司给你带来的心理上的不舒服。其实遇到一个你所期望的好上司，概率非常小，你遇到的上司大部分都不过是普通人，都有这样或那样的缺点。你觉得当前的上司如何如何不好，换个工作后，新的上司也不见得就能让你顺心。有时候你也得审视审视自己，不要过分苛求他人。

说了这么多，只是想让大家明白，凡事都有两面性，有的严厉的上司能帮助你在工作上不断精进，有的严厉的上司却会给你带来没有必要的职场压力。反过来也是如此，有的温和的上司可能使你在工作上成长缓慢，有的温和的上司会给你很多机会，让你快速成长。这些都没有标准答案，只能靠当事人自己根据实际情况做出判断。

越单纯越好，别让关系变得复杂

有读者在微信公众号后台问我关于电视剧《我的前半生》的话题，让我分析一下里面的职场经验是否正确，有没有指导意义。

其实作为一部电视剧来说，情节、内容肯定是源自生活并且高于生活，所以许多经验不能照搬照用，剧中人物纷繁复杂的关系在现实中也不大可能会发生，我只能说有一定的借鉴意义。

我倒很想谈谈剧中的一对人物关系，那就是贺涵和唐晶。这两个人为什么纠缠了十几年却无法修成正果，最终还是分手了？电视剧中的解释是两个人不够爱对方，我觉得这是一个比较浅层次的原因，甚至是两个人臆想的理由，真正的原因他们俩都没有意识到。

我认为两个人分道扬镳最根本的原因是他们在同一时间段有多种关系交织在一起，这些关系让两个人易于剑拔弩张，无法妥善处理冲突。

首先，贺涵是唐晶的导师，是她职场的引路人，唐晶则是他最得意的“作品”，所以他们最初的关系是比同事关系更进一步的师徒关系。职场中的师徒关系实际上也是一种上下级关系，特别是在比安提的时候，贺涵的确是唐晶的上司。

其次，他们因为教学相长日生情愫，产生了一种敏感的办公室恋情，这样一来，两人在上下级关系上又增加了一层相互爱慕的恋人关系。很多公司不允许办公室恋情，就是因为两个员工同时保持同事关系和恋人关系的话，这两种关系必然会互相影响。试想一下，工作场合要公事公办，但是谁能保证自己不会因为恋人的关系网开一面呢?

所以贺涵选择离开了比安提，这样就和唐晶不再是同事关系，也不再是上下级关系了，但是师徒关系仍然存在。他们其实也想让两个人的关系更简单、更纯粹一些，只是事与愿违，贺涵离开比安提，却加盟了竞争对手辰星，结果两个人又变成了竞争对手的关系。俗话说商场如战场，作为竞争对手，两人就很难对彼此让步。

因为一个项目的关系，贺涵做出了牺牲，结果两个人又变成了合作者的关系。

唐晶需要平等对话，加上两个人的拧巴，恋情发展得跌跌撞撞，又要转为朋友关系。所以，两个人在一段时间里形成了师徒关系、前上下级关系、恋人关系、竞争对手关系、合作者关系、朋友关系。如此复杂的关系，很难妥善处理，终究会相互影响，让彼此都十分心累。

从贺涵和唐晶两个人的关系发展，我们能悟出一个道理：鱼与熊掌不可兼得，同一时间段只有一种关系比较合适。这对我们的现实生活也很有启发，两个人要么是恋人，要么是朋友，所谓的红颜知已、蓝颜知已都是危险的关系。同事之间，尤其是上下级之间，如果公私不分，称兄道弟，也可能会影响到工作。有的公司还要求夫妻另一方不能在竞争对手公司。这样的例子还有很多。

又要说到美剧《纸牌屋》，剧中两个主角弗朗西斯和克莱尔之间的关系也很复杂，他们既是夫妻关系，也算是同事关系，但是所向披靡。其实他们之间只有一种关系，那就是合作关系，所谓的夫妻关系只是为了维持公众形象而已。在第一季中，弗朗西斯就有一个女记者情人，克莱尔就有一个摄影师情人，他们彼此都知道，但是互不干涉。和普通的办公室里的同事关系不同的是，他们都是政治家，需要相互利用、扶持、协作才能到达权力的巅峰，所以从根本上来说，两个人只是合作关系。

弗朗西斯和克莱尔把这段关系处理得很好，彼此都有很明确的目的，不像贺涵和唐晶那样，各种关系交织在一起，目标常常是混乱和矛盾的。明白了这一点，我们就知道贺涵和唐晶注定要分手，除非他们能把这么多种关系精简到只有一种，但是这么多年来，他们都没有做到。

因此，职场中的同事关系越单一、越纯粹越好。上下级关系就是上下级关系，平级关系就是平级关系，如果在这种关系的基础上再衍生出其他的关系，就容易把事情搞复杂，不见得会对自己的职场晋升有帮助。同事间的关系不会像从小到大的玩伴、大学宿舍里的室友建立的那种友谊，一旦有岗位的变动，关系就会变得微妙起来，这种变得微妙的关系又会反过来影响工作。

有的人喜欢讨好上司，期望跟上司建立起比上下级关系更进一步的关系，这也不一定合适。因为在其他团队成员眼中，如果你和上司有了非同一般的关系，他们就会对上司的公允性表示质疑，一旦团队中有晋升的机会，上司也会顾及他人的看法，即便你是有资格获得晋升的，也极有可能失去机会。还有一种可能就是，你获得了晋升机会，但在别人眼里你靠的是关系而不是能力。所以，赢得上司信任最好的办法就是展现自己的专业技能和超越他人的绩效，而不是挖空心思刻意钻营关系。

当然，长期在一起工作，遇到兴趣爱好相通、脾气相投的同事并成为朋友也很常见，我们可以把这种超越同事关系的关系定义为同事关系的加深。如果这种朋友关系有助于自己工作上的提升，便于跟他人配合，那么可以好好地维系。但是如果这种关系影响到了工作的交付，比如因为上下游关系网开一面，或者他人对自己有所求，涉及整个团队的公允性，破坏了组织氛围，那么这种朋友关系也是不合适的。

总之，同事之间的关系要讲究一个度，不必在任何情况下都保持自我的独立，跟同事只有工作上的往来。融洽的同事关系也有助于工作的开展。但是一旦没有把握好度，就可能给自己带来烦恼，甚至直接影响工作。

远离索取型人格，不做“伸手党”

生活中你一定遇到过这样的人，在微信上给你留言：“在吗？”你也不知道对方要干吗，如果你不回复，对方可能就没有了下文。这种情况多半是对方有求于你，比如借钱或者帮他做什么事，可能他也同时发给了很多人，谁先答复就优先向谁求助。这种“伸手党”都期望用最小的付出获得尽可能大的回报，是典型的索取型人格。

这样的人十分讨厌，讨厌的地方在于：第一，当你回复“在”的时候，如果反过来问他是怎么回事，好像是你要主动帮他一样，这个时候你反而变得被动了；第二，如果你回复晚了，则好像是他需要帮助，你却故意迟迟不伸出援手，变成了你亏欠他的；第三，如果有人及时回复并给予了帮助，而你回复晚了，他又会说没事了，让你不明所以；第四，如果你不回复，等有一天无意中说起这个事，他又会说当时找过你，但是你没有响应。总之，无论怎么做，你总是那个不讨好的人。

我也经常在微信公众号后台或者简书的简信收到消息："可以加你微信吗？"就这么一句话，也不说明情况，其实如果是咨询问题，可以直接在公众号留言或在简书平台上发简信，何必一定要加我的个人微信呢？如果不回复，或者说"不可以"，就会让人觉得我很不礼貌，对方心里可能会想：不就是加个微信吗？有什么了不起的。但是如果每个人的要求我都答应，那么我微信中的联系人一定会非常混乱，甚至我自己也会搞不清谁是谁。

更有甚者，有人会留言说："可以加你微信吗？我保证不会骚扰你。"这也是很让人为难的，你自己都认为会骚扰到别人了，为什么就不能站在别人的立场考虑呢？我有一次对一个要加我微信的人说："你买本我的书就可以加我微信了，书上有二维码，可以加入我的读者群。"结果她回复："不了，我不想被裹挟。"看，变成是我理亏了。可是，我和你素昧平生，既然要成为微信好友，你连我的书都舍不得买，这种小投入都不愿意，我又为什么要接受你这种索取型的朋友呢？

有不少微信公众号的小编也是典型的索取型人格，一上来就要求开白名单，还要“双钩”（即转载原创文章时，可修改原文并不显示文章来源），仿佛我写了文章是欠了他的一样。你们为了完成自己的工作，就想白拿别人的文章？既然觉得文章好，想转载，为什么都不愿意点个赞、留个评论、打个赏？

别人的每一篇原创文章都是花费了时间和精力的，且不论写得如何，至少是一种劳动付出，你花几秒钟转载走了，别人还要打开电脑登录，找到文章，给你做开白的操作，你却没有任何付出，这样合适吗？

现实中还有很多索取型人格的人，比如恋爱的双方，有一方总想等着别人先付出诚意、资金和更多的爱，自己再付出；比如求职的面试者，总想着公司给他多么好的待遇和发展空间，自己再好好工作表现自己。这就像是投资做生意，自己舍不得花钱，不肯投入精力、承担风险，却又想着能获得高额回报，或者想以非常小的成本来获得巨大的收益。这类人就和在微信上给好友留言“在吗？”的人一样让人反感。

不论对方是朋友、家人，还是同事、陌生人，没有人有义务接受你的索取，即使索取的东西看上去微不足道。你想得到就得自己先付出。

在工作场合，首先自己不要成为这种索取型人格的人。不论是需要他人的帮助和配合，还是在非工作时间打扰别人，都应该尽可能地把问题描述清楚，让被请求的对象对问题有全面的了解，而不是给出一个询问开头，等着对方来问清楚情况，这样只会招致反感。久而久之，你的职场信用也会下降。

工作中没有人有义务帮助你，每个人都有很多事情要处理，不应该苛求对方。对于别人的帮助，应该怀着感激之情，投之以桃，报之以李，而不是把别人的付出当作理所当然。

同样的，你在职场中可能也会遇到很多索取型人格的同事，对这种人就要敬而远之，或者只提供有限的帮助，因为你也同样没有义务帮助不懂得感恩的人。

可能有的人根本没有意识到自己是索取型人格，觉得让人帮忙是很正常的事情，这就不得不提一下人与人之间的“六个我”：每个人有三个“我”，分别是“真实的我”“别人眼中的我”和“自己眼中的我”，所以两个人之间就隔着“六个我”。一般情况下，每个人的“三个我”很难完全一致，总会有差异，有时差异甚至会非常大，这就是为什么有的人无法意识到自己是索取型人格。

以面试为例，求职者通常会在面试时表现出“自己眼中的我”，这个“我”有时会带有自我欺骗的成分，表现出与“真实的我”不相称的能力和性格，或者期望别人认为自己是这样的。面试官会根据短暂的面试，判断出他是一个什么样的人，得出的结论和求职者自己表现出来的未必是一致的。面试官通常还会期望通过各种测试、提问来综合推断出求职者真实的样子。

你认为的自己跟别人眼中的你并不一致。同样，你所认为的同事的样子也不一定是他真实的样子。所以很多时候我们谈职场多么复杂，并不是你自己多么单纯无辜，别人多么阴险腹黑，只是因为人本身就具有多面性。

明白这个道理，就要深刻认识到真实的自己究竟是什么样子，不要已经给他人留下了索取型人格的印象还不自知。